Machine Learning
for Time Series Forecasting with Python

时间序列预测
基于机器学习和Python实现

[美] 弗朗西斯卡·拉泽里（Francesca Lazzeri） 著

郝小可 译

机械工业出版社
China Machine Press

图书在版编目（CIP）数据

时间序列预测：基于机器学习和 Python 实现 /（美）弗朗西斯卡·拉泽里（Francesca Lazzeri）著；郝小可译 . -- 北京：机械工业出版社，2022.1（2023.1 重印）
（智能系统与技术丛书）
书名原文：Machine Learning for Time Series Forecasting with Python
ISBN 978-7-111-69746-6

I. ① 时⋯ II. ① 弗⋯ ② 郝⋯ III. ① 机器学习 – 时间序列分析 ② 软件工具 – 程序设计
IV. ① TP181 ② TP311.561

中国版本图书馆 CIP 数据核字（2021）第 259732 号

北京市版权局著作权合同登记　图字：01-2021-2690 号。

时间序列预测：基于机器学习和 Python 实现

出版发行：机械工业出版社（北京市西城区百万庄大街 22 号　邮政编码：100037）

责任编辑：李永泉　　　　　　　　　　责任校对：殷　虹
印　　刷：北京铭成印刷有限公司　　　版　　次：2023 年 1 月第 1 版第 3 次印刷
开　　本：186mm×240mm　1/16　　　印　　张：12.75
书　　号：ISBN 978-7-111-69746-6　　定　　价：89.00 元

客服电话：（010）88361066　68326294

版权所有 · 侵权必究
封底无防伪标均为盗版

译 者 序

随着人工智能的兴起，机器学习作为该领域中的重要理论和技术备受关注。现实世界中存在着大量的时间序列数据，我们可以通过建立机器学习模型来拟合这些数据，从已知实例中自动发现规律，进而完成对未知实例的预测任务。基于时间序列数据预测的机器学习模型已经成为金融、能源、教育、医疗等行业进行分析及决策的重要工具。

本书的作者弗朗西斯卡·拉泽里（Francesca Lazzeri）博士是微软云计算倡导团队的机器学习科学家，也是大数据技术创新和机器学习实际应用方面的专家，拥有超过十年的学术和行业经验。她将最经典与最前沿的时间序列预测理论和技术汇集到了本书之中。

本书是关于时间序列预测这一主题的书籍，涵盖了时间序列预测的概念、解决方案、数据准备、自回归及自动化学习的传统方法、深度学习方法、模型部署。想要学习时间序列预测，不仅需要掌握基本概念和模型理论，还需要将理论应用于实践。本书基于 Python 这一功能强大的高级编程语言，通过实例展示了如何将模型应用于现实世界的数据科学场景。

翻译的过程也是译者不断学习的过程，为保证专业词汇的准确性，译者在翻译过程中查阅了大量相关资料，但译文中仍难免有错误和不当之处，敬请读者批评指正。译者的电子邮件是 haoxiaoke@hebut.edu.cn。

郝小可

2021 年于北京

前　言

时间序列数据是用于不同行业（从营销和金融到教育、医疗和机器人）未来决策和战略规划的重要信息来源。在过去的几十年里，基于机器学习模型的预测已经成为私营和公共部门常用的工具。

目前，基于机器学习模型的时间序列预测的资源和教程一般分为两类：针对特定预测场景的代码演示，没有概念上的细节；对预测背后的理论和数学公式的学术性解释。这两种方法都非常有助于学习，如果对理解理论假设背后的数学知识有兴趣，强烈推荐使用这些资源。

为了解决实际的业务问题，有一个系统的、结构良好的预测框架是必不可少的，数据科学家可以使用它作为参考，并应用到现实世界的数据科学场景。这本实践性的书就是这样做的，它旨在通过一个实用的模型开发框架的核心步骤来引导读者构建、训练、评估和部署时间序列预测模型。

本书的第一部分（第 1 章和第 2 章）专门介绍时间序列的概念，包括时间序列的表示、建模和预测的基本方面。

第二部分（第 3 章到第 6 章）深入研究预测时间序列数据的自回归和自动方法，如移动平均、差分自回归移动平均和时间序列数据的自动化机器学习。然后介绍基于神经网络的时间序列预测，重点介绍循环神经网络（RNN）等概念以及不同 RNN 单元的比较。最后，将指导读者完成在 Azure 上进行模型部署和操作的最重要的步骤。

使用各种开源 Python 包和 Azure，书中通过示例展示了如何将时间序列预测模型应用于真实世界的数据科学场景。有了这些指导方针，读者应该可以在日常工作中处理时间序列数据，并选择正确的工具来分析时间序列数据。

本书主要内容

本书对基于机器学习和深度学习的时间序列预测的核心概念、术语、方法和应用进行了全面的介绍，了解这些基础知识可以设计更灵活、更成功的时间序列应用。

本书包括下列各章：

第 1 章：时间序列预测概述　本章专门介绍时间序列的概念，包括时间序列的表示、建模和预测的基本方面，例如时间序列分析和时间序列预测的监督学习。

我们还将了解用于时间序列数据的不同 Python 库，以及 pandas、statsmodels 和 scikit-learn 之类的库是如何进行数据处理、时间序列建模和机器学习的。

最后，给出有关设置用于时间序列预测的 Python 环境的一般建议。

第 2 章：如何在云上设计一个端到端的时间序列预测解决方案　本章旨在通过介绍时间序列预测模板和现实世界的数据科学场景，从实践和业务角度为时间序列预测提供端到端的系统指南，本书中将使用它们来展示时间序列的一些概念、步骤和技术。

第 3 章：时间序列数据准备　在本章中，将引导读者完成为预测模型准备时间序列数据的重要步骤。良好的时间序列数据准备可以产生干净且经过精心整理的数据，有助于进行更实用、更准确的预测。

Python 是一种在处理数据方面功能非常强大的编程语言，它提供了一系列用于处理时间序列数据的库，并且对时间序列分析提供了出色的支持，这些库包括 SciPy、NumPy、Matplotlib、pandas、statsmodels 和 scikit-learn 等。

本章还将介绍如何对时间序列数据执行特征工程，要牢记两个目标：准备与机器学习算法要求相符的正确输入数据集，并改善机器学习模型的性能。

第 4 章：时间序列预测的自回归和自动方法　在本章中，将探索一些用于时间序列预测的自回归方法，它们可以用来测试预测问题。每节提供一个方法，从一个有效的代码示例入手，并展示了在哪里可以找到有关该方法的更多信息。

本章还将介绍用于时间序列预测的自动化机器学习,以及如何用这种方法完成模型选择和超参数调整任务。

第5章:基于神经网络的时间序列预测 在本章中,将讨论数据科学家在构建时间序列预测解决方案时想要考虑深度学习的一些实际原因。然后介绍循环神经网络,并展示如何将几种类型的循环神经网络用于时间序列预测。

第6章:时间序列预测的模型部署 在最后一章中,介绍适用于 Python 的 Azure 机器学习 SDK,以构建和运行机器学习工作流。本章将概述 SDK 中的一些重要的类,以及如何使用它们在 Azure 上构建、训练和部署机器学习模型。

通过部署机器学习模型,企业可以充分利用所构建的预测和智能模型,转变为实际的人工智能驱动型企业。

最后,展示了如何在 Azure 上构建端到端的数据管道体系结构,并提供不同时间序列预测解决方案的通用化部署代码。

配套下载文件

本书提供了使用 Python 及其技术库的大量示例代码和教程,读者可以利用它们学习如何解决现实中的时间序列问题。

当学习本书中的示例时,需要用到的项目文件可以从 aka.ms/ML4TSFwithPython 下载。

每个文件都包含示例 Notebooks 和数据,可以使用它们来验证知识、实践技术以及构建自己的时间序列预测解决方案。

ACKNOWLEDGEMENTS

致　　谢

在过去的几年里，我有幸与许多来自微软和 Wiley 的数据科学家、云倡导者、开发人员、专业人士一起工作：在我创作和撰写这本书的过程中，他们给了我灵感和支持。我特别感谢微软的云倡导团队，感谢他们的信任和鼓励，感谢他们让我的工作变得更轻松、更愉快。

感谢 John Wiley&Sons 的出版人 Jim Minatel，他从出版过程一开始就和我一起工作，是我和编辑人员之间的桥梁。我很高兴能与内容实施经理 Pete Gaughan 一起工作；项目编辑 David Clark 负责从提纲到完成手稿的整个过程；Saravanan Dakshinamurthy 是内容改进专家，他负责本书开发工作的最后阶段，并使一切进展顺利。非常感谢技术审阅人 James Winegar 的指导，希望今后我们能在其他项目上合作。

最后且同样重要的是，我要永远感谢我的女儿 Nicole，她时刻提醒我这个世界的美好，并激励我做最伟大的自己；感谢我的丈夫 Laurent，他无条件地支持和鼓励我；感谢我的父母 Andrea 和 Anna Maria，还有我的哥哥 Marco，他们在我生命的每个阶段都陪伴着我，并且信任我。

Francesca Lazzeri

关 于 作 者

弗朗西斯卡·拉泽里（Francesca Lazzeri）博士是一位经验丰富的科学家和机器学习实践者，拥有超过十年的学术和行业经验。她目前在微软领导一个由云人工智能倡导者和开发者组成的国际团队，管理大量客户，并在云上构建智能自动化解决方案。

弗朗西斯卡是大数据技术创新和机器学习实际应用方面的专家。她的工作是更好地了解微观经济数据并利用相关见解来优化公司决策。她的研究涵盖机器学习、统计建模、时间序列计量经济学和预测等领域，以及能源、石油和天然气、零售、航空航天、医疗和专业服务等行业。

在加入微软之前，她是哈佛大学技术和运营管理部门的研究员。弗朗西斯卡定期在世界各地的大学和研究机构教授应用分析和机器学习课程。可以在 Twitter 上找到她（@frlazzeri）。

关于技术审阅人

James York-Winegar 具有数学和物理学学士学位以及信息和数据科学硕士学位。他曾在学术界、医疗和技术咨询领域工作。James 目前与公司合作，合作内容是通过启用数据基础架构、安全性和元数据管理来启用机器学习工作负载。他还在加州大学伯克利分校教授机器学习课程，重点是扩大机器学习技术在大数据领域的应用范围。

在离开学术界之前，James 最初专注于实验物理学和理论物理学与材料科学之间的交叉领域，重点研究非氧化物玻璃或硫化物玻璃的光诱导结构改变。这也促使 James 开始处理大量数据并进行高性能计算。

James 通过咨询工作接触过许多行业，包括教育、娱乐、日用品、金融、电信、消费品、生物技术等，他帮助企业了解数据可能带来的影响以及如何实现新功能或创造商机。可以在 linkedin.com/in/winegarj/ 中找到他的 LinkedIn 个人资料。

CONTENTS

目　　录

第 1 章

时间序列预测概述

时间序列是一种衡量事物随时间变化的数据类型。在一个时间序列数据集中，时间列本身不代表一个变量：它实际上是一个基本结构，可以使用它对数据集排序。由于数据科学家需要应用特定的数据预处理和特征工程技术来处理时间序列数据，因此这种基本的时间结构使时间序列问题更具挑战性。

然而，它也是一种便于数据科学家利用的额外知识源：你将学习如何利用这个时间信息从时间序列数据（例如趋势和季节性等信息）中推断隐藏信息，从而使时间序列更容易建模，并将其用于多个行业的未来战略和计划运营。从金融到制造业和医疗，时间序列预测一直在有关时间的业务洞察力方面发挥着重要作用。

以下是一些时间序列预测可以帮助你解决的问题的例子：

❑ 下个季度，不同食品店中数千种食品的预期销售额是多少？

❑ 车辆出租三年后的转售价值是多少？

❑ 每条主要国际航线的旅客人数是多少？每一级别的旅客人数是多少？

❑ 为了使供应商确保效率并防止能源浪费和盗窃，能源供应链基础设施的未来电力负荷是多少？

图 1.1 中给出了应用于能源负荷用例的时间序列预测示例。

让我们开始学习一些在描述和建模时间序列时必须考虑的重要元素。

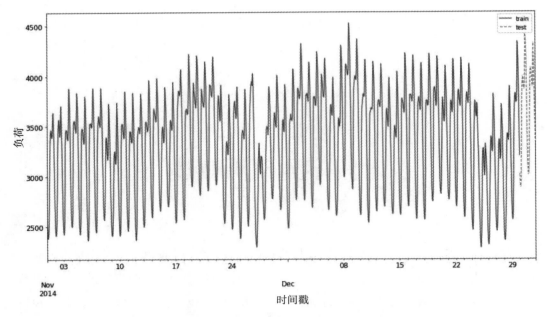

图 1.1   应用于能源负荷用例的时间序列预测示例

1.1   时间序列预测的机器学习方法

在本节中，我们将探索为什么时间序列预测是一个基础的跨行业研究领域。此外，将学习处理时间序列数据、执行时间序列分析和构建时间序列预测解决方案的一些重要概念。

使用时间序列预测解决方案的一个例子是通过对过去温度趋势的简单外推来预测下周每小时的温度。另一个例子是开发一个复杂的线性随机模型来预测短期利率的变动。时间序列模型也被用来预测航空公司的运力需求、季节性的能源需求和未来的在线销售。

在时间序列预测中，数据科学家的假设不会影响我们试图预测的变量的因果关系。相反，他们分析时间序列数据集的历史值，以便理解和预测它们的未来值。用于生成时间序列预测模型的方法可能涉及使用简单的确定性模型，如线性外推，或使用更复杂的深度学习方法。

由于机器学习和深度学习算法适用于许多现实生活中的问题，如欺诈检测、垃圾邮件过滤、金融和医疗诊断，以及能产生可操作的结果，近年来获得了许多关注。已开发了一些深度学习方法并将其应用于单变量时间序列预测场景，其中时间序列由在等时间增量上连续记录的单个观测数据组成（Lazzeri 2019a）。

因此，它们的表现通常不如朴素和经典的预测方法，例如指数平滑和差分自回归移动平均（ARIMA）。这导致了一个普遍的误解，认为深度学习模型在时间序列预测的场景中是低效的，许多数据科学家怀疑是否真的有必要将另一类方法，如卷积神经网络（CNN）或循环神经网络（RNN），加入时间序列工具包（我们将在第5章对此进行详细讨论）（Lazzeri 2019a）。

在时间序列中，按时间顺序排列的数据在一个特定的列中，该列通常表示为时间戳、日期或时间。如图1.2所示，机器学习数据集通常是包含重要信息的数据点列表，这些重要信息在时间上被平等对待，并被用作输入以生成代表预测的输出。相反，将时间结构添加到时间序列数据集，所有数据点均采用该时间维度所表达的特定值。

机器学习数据集 →

传感器 ID	值
传感器 _1	20
传感器 _1	21
传感器 _2	22
传感器 _2	23

时间序列数据集 →

传感器 ID	时间戳	值
传感器 _1	01/01/2020	20
传感器 _1	01/02/2020	21
传感器 _2	01/01/2020	22
传感器 _2	01/02/2020	23

图 1.2　机器学习数据集与时间序列数据集

现在你对时间序列数据有了很好的理解，理解时间序列分析和时间序列预测之间的区别也很重要。这两个领域是紧密相关的，但是它们有不同的用途：时间序列分析是要确定时间序列数据的内在结构并推断其隐藏特征，以便从中获得有用的信息（例如趋势或季节变化，这些概念我们将在本章后面讨论）。

数据科学家通常利用时间序列分析的原因如下：

❑ 对历史时间序列数据的基本结构有清晰的认识。

❑ 提高时间序列特征解释的质量，以更好地告知问题域。

❑ 预处理并执行高质量的特征工程，以获得更丰富、更深入的历史数据集。

时间序列分析用于许多应用程序，例如过程和质量控制、效用研究和人口普查分析。它通常被认为是为建模（更确切地说是时间序列预测）分析和准备时间序列数据的第一步。

时间序列预测涉及采用机器学习模型，对历史时间序列数据进行训练，并使用它们来进行未来的预测。如图 1.3 所示，展示了在时间序列预测中，未来的输出是未知的，它基于机器学习模型是如何在历史输入数据上训练的。

传感器 ID	时间戳	值
传感器 _1	01/01/2020	60
传感器 _1	01/02/2020	64
传感器 _1	01/03/2020	66
传感器 _1	01/04/2020	65
传感器 _1	01/05/2020	67
传感器 _1	01/06/2020	68
传感器 _1	01/07/2020	70
传感器 _1	01/08/2020	69
传感器 _1	01/09/2020	72
传感器 _1	01/10/2020	?
传感器 _1	01/11/2020	?
传感器 _1	01/12/2020	?

历史或当前时间戳和值的时间序列分析

未来时间戳的时间序列预测以生成未来值

图 1.3　时间序列分析历史输入数据与时间序列预测输出数据之间的差异

不同的历史和当前现象可能会影响时间序列中的数据值，这些事件被诊断为时间序列的组成部分。识别这些不同的影响因素或组件并将它们分解，以便将它们从数据级别中分离出来，这一点非常重要。

如图 1.4 所示，时间序列分析中主要有四个组成部分：长期运动或趋势、季节性短期运动、周期性短期运动、随机或不规则波动。

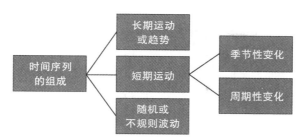

图 1.4　时间序列的组成

让我们仔细看看这四个组成部分：

1. 长期运动或趋势是指时间序列值在一个较长的时间间隔内整体增加或减少的运动。通常在整个时间序列数据集中观测趋势变化的方向：它们可能在不同的时刻增加、减少或保持稳定。但是，总的来说，你会看到一个主要趋势。人口统计、农业生产和商品制造只是趋势可能发挥作用的一些例子。

2. 有两种不同类型的短期运动：

❑ 季节性变化是显示相同变化的周期性时间波动，通常在不到一年的时间内重复出现。季节性总是有固定且已知的时期。大多数情况下，如果数据是每小时、每天、每周、每季度或每月记录的，这种变化将出现在时间序列中。不同的社会习俗（如节日和庆祝活动）、天气和气候条件在季节变化中起着重要的作用，例如在雨季销售雨伞和雨衣、在夏季销售空调。

❑ 周期性变化是一种周期性的模式，存在于数据显示上升和下降时，而不是固定的时期。一个完整的时期是一个周期，但一个周期不会有特定的预定时间长度，即使这些时间波动的持续时间通常超过一年。周期性变化的一个经典例子是商业周期，它是国内生产总值围绕其长期增长趋势向下和向上的运动：通常可以持续几年，但当前商业周期的持续时间是未知的。

如图 1.5 所示，周期性变化和季节性变化是时间序列预测中相同短期运动的一部分，但它们存在差异，数据科学家需要识别和利用它们来建立准确的预测模型。

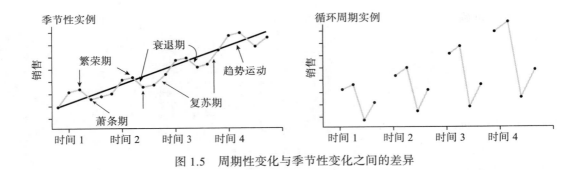

图 1.5　周期性变化与季节性变化之间的差异

3. 随机或不规则波动是最后一个引起时间序列数据变化的因素。这些波动是不可控制的、不可预测的、不稳定的，如地震、战争、洪水和任何其他自然灾害。

数据科学家通常将前三个组成部分（长期运动、季节性短期运动和周期性短期运动）作为时间序列数据中的信号，因为它们实际上是可以从数据本身派生出来的确定性指标。而最后一个组成部分（随机或不规则波动）是数据中不能真正预测的值的任意变化，因为这些随机波动的数据点都独立于上面的其他信号，如长期和短期运动。因此，数据科学家通常称其为噪声，因为它是由难以观测的潜在变量触发的，如图 1.6 所示。

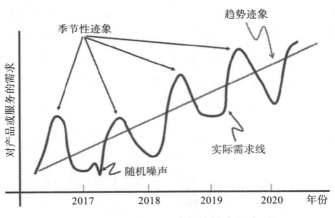

图 1.6　时间序列组成部分的实际表示

数据科学家需要仔细确定时间序列数据中的每个组成部分，才能构建一个精确的机器学习预测解决方案。为了识别和度量这四个组成部分，建议首先执行一个分解过程，从数据中去除组成部分的影响。在识别和度量了这些组成部分并用它们构建其他功能以提高预测准确率后，数据科学家可以利用不同的方法在预测结果中重组和添加各组成部分。

理解这四个时间序列组成部分以及如何识别和删除它们是构建任何时间序列预测解决方案的第一步，因为它们可以帮助理解时间序列中的另一个重要概念——平稳性，从而有助于提高机器学习算法的预测能力。平稳性是指时间序列的统计参数不会随时间变化。换句话说，时间序列数据分布的基本属性，如均值和方差，不随时间变化。平稳时间序列过程更容易分析和建模，因为其基本假设是，它们的属性不依赖于时间，未来将与它们在历史时期是一样的。通常应该使时间序列平稳。

有两种重要的平稳性形式：强平稳性和弱平稳性。当时间序列的所有统计参数不随时间变化时，认为其具有较强的平稳性。当时间序列的均值和自协方差函数不随时间变化时，认为其具有较弱的平稳性。

另外，显示数据值变化（如趋势或季节性）的时间序列显然不是平稳的，因此更难以预测和建模。为了得到准确一致的预测结果，需要将非平稳数据转换为平稳数据。试图使时间序列平稳的另一个重要原因是能够获得有意义的样本统计信息，例如均值、方差以及与其他变量的相关性，这些统计信息可以用来获得更多的见解且更好地了解数据，并可作为时间序列数据集中的附加特征。

然而，某些情况下，无法通过经典方法（例如自回归、移动平均和差分自回归移动平均）确定未知的非线性关系。但是构建机器学习模型时这些信息可能非常有用，可以用于特征工程和特征选择过程。实际上，许多经济时间序列在其原始计量单位进行可视化时远不是平稳的，即使经过季节性调整，它们通常也会表现出趋势、周期和其他非平稳性特征。

时间序列预测涉及在观测值之间存在有序关系的情况下针对数据开发和使用预测模型。在数据科学家开始构建预测解决方案之前，强烈建议定义以下方面：

1. 预测模型的输入和输出：对于将要构建预测解决方案的数据科学家来说，考虑用来做出预测的数据以及希望对未来预测什么是至关重要的。输入是提供给模型的历史时间序列数据，以便对未来值进行预测。输出是未来时间步的预测结果。例如，电网中传感器收集的最近 7 天的能源消耗数据被视为输入数据，而预测第二天的能源消耗值被定义为输出数据。

2. 预测模型的粒度级别：时间序列预测的粒度表示为每个时间戳捕获的值的最低详细级别。粒度与收集时间序列值的频率有关：通常，在物联网（IoT）场景中，数据科学家需要每隔几秒处理传感器收集的时间序列数据。物联网一般被定义为一组连接到互联网的设备，所有设备都收集、共享和存储数据。物联网设备的例子包括空调机组中的温度传感器和安装在远程油泵上的压力传感器。有时，聚合时间序列数据可以是构建和优化时间序列模型的重要步骤：时间聚合是特定时期内单个资源的所有数据点的组合（例如每天、每周或每月）。通过聚合，可以将每个粒度期间收集的数据点聚合为单个统计值，例如收集的所有数据点的平均值或总和。

3. 预测模型的范围：预测模型的范围是指未来预测所需要的时间长度。这些预测通常从短期范围（少于 3 个月）到长期范围（超过 2 年）不等。短期预测通常用于短期目标，如物料需求计划、进度安排和预算；长期预测通常用于预测超过 5 年的长期目标，如产品多样化、销售和广告。

4. 预测模型的内源性和外源性特征：内源性和外源性是经济术语，分别用来描述影响企业生产、效率、增长和盈利能力的内部和外部因素。内源性特征是输入变量，其值由系统中的其他变量决定，而输出变量取决于它们。例如，如果数据科学家需要建立一个预测模型来预测每周的汽油价格，可以考虑将主要的旅游假期作为内源性变量，因为价格可能会因为周期性需求的增加而上升。

外源性特征作为输入变量不受系统中其他变量的影响，输出变量依赖于输入变量。外源性变量具有一些共同的特征（Glen 2014），如：

- ❑ 在进入模型时是固定的。
- ❑ 在模型中被认为是给定的。
- ❑ 影响模型中的内源性变量。
- ❑ 不是由模型决定的。
- ❑ 不能用模型来解释。

在上述预测每周汽油价格的例子中，虽然旅游假期会根据周期性趋势增加需求，但汽油的总成本可能会受到石油储备价格、社会政治因素或灾难（如油轮事故）的影响。

5. 预测模型的结构化或非结构化特征：结构化数据包含明确定义的数据类型，其类型易于搜索，而非结构化数据包含通常不易于搜索的数据，包括音频、视频和社交媒体发布等格式。结构化数据通常保存在关系数据库中，关系数据库的字段存储了长度限定的数据，例如电话号码、社会保险号或邮政编码。记录中甚至包含与名字一样的可变长度的文本字符串，这使搜索变得简单（Taylor 2018）。

非结构化数据具有内部结构，但不是通过预定义的数据模型或模式进行结构化的。非结构化数据可以是文本的或非文本的，也可以是人工或机器生成的。典型的人工生成的非结构化数据包括电子表格、演示文稿、电子邮件和日志。典型的机器生成的非结构化数据包括卫星图像、天气数据和地形。

在时间序列环境中，非结构化数据不会表现出系统的时间依赖模式，而结构化数据则会呈现系统的时间依赖模式，例如趋势和季节性。

6. 预测模型的单变量或多变量性质：单变量数据的特征是一个单一的变量。单变量数据不涉及原因或关系。单变量数据的描述性属性可以在一些估计中确定，如集中趋势（均值、模式、中位数）、离散度（范围、方差、最大值、最小值、四分位数和标准差）和频率分布。单变量数据分析在确定两个或多个变量之间的关系、相关性、比较、原因、解释和变量之间的偶然性方面存在局限性。一般来说，单变量数据不提供有关因变量和自变量的更多信息，因此，在涉及多个变量的任何分析中是不够的。

为了从多指标问题中得到结果，数据科学家通常使用多变量数据分析。多变量方法不仅有助于考虑模型中的几个特征，而且可以揭示外部变量的影响。

时间序列预测既可以是单变量的，也可以是多变量的。单变量时间序列指的是由单个观测结果在相同的时间增量上顺序记录而成的序列。与统计学的其他领域不同，单变量时间序列模型包含自身的滞后值作为自变量（itl.nist.gov/div898/handbook/pmc/section4/pmc44. html）。滞后变量可以像多元回归一样发挥自变量的作用。多变量（也称为多元）时间序列模型是单变量模型的扩展，涉及两个或多个输入变量。它不仅包含自身过去的信息，而且还包含其他变量的过去信息。多变量过程是指随着时间的推移同时观测到几个相关的时间序列，而不是单变量情况下观测到的单个序列。单变量时间序列的例子是我们将在第 4 章中讨论的 ARIMA 模型。输入和输出变量的数量可能有所不同，例如，数据可能是不对称的。可能有多个变量作为模型的输入，而你只对其中一个变量作为输出感兴趣。在这种情况下，模型中有一个假设，即多个输入变量有助于预测单个输出变量，这是必需的。

7. 预测模型的单步或多步结构：时间序列预测描述了下一个时间步的预测值。由于仅预测一个时间步，因此被称为"单步预测"。与单步预测相对的是多步或多步时间序列预测问题，其目标是预测时间序列中的一系列值。许多时间序列问题涉及仅使用过去观测到的值来预测序列值的任务（Cheng 等 2006）。此任务的示例包括预测作物产量、股票价格、交通流量和电力消耗的时间序列。至少有四种常用的多步预测策略（Brownlee 2017）：

❑ *直接多步预测*：直接方法需要为每个预测时间戳创建一个单独的模型。例如，在预测接下来两个小时的能源消耗的情况下，我们需要开发一个模型来预测第一个小时的能源消耗，再开发一个模型来预测第二个小时的能源消耗。

❑ *递归多步预测*：可以递归地处理多步预测，其中创建单个时间序列模型来预测下一个时间戳，然后使用之前的预测来计算之后的预测。例如，在预测未来两个小时的能源消耗的情况下，我们需要开发一个单步预测模型。然后将该模型用于预测下一个小时的能源消耗，之后将该预测作为输入，以预测第二个小时的能源消耗。

❑ *直接递归混合多步预测*：直接递归策略可以结合两种方法的优势（Brownlee 2017）。例如，可以为每个未来的时间戳构建不同的模型，但是每个模型都可以利用模型在之前的时间步中做出的预测作为输入值。在预测接下来两个小时的能源消耗的情况下，可以构建两个模型，第一个模型的输出用作第二个模型的输入。

❑ *多输出预测*：多输出策略要求开发一个能够预测整个预测序列的模型。例如，在预测未来两小时的能源消耗的情况下，我们只开发一个模型，并应用到一次计算中即可预测未来两小时的能源消耗结果（Brownlee 2017）。

8. 预测模型的连续或非连续时间序列值：彼此之间呈现一致的时间间隔（例如，每 5 分钟、每 2 小时或每季度）的时间序列被定义为连续的（Zuo 等 2019）。时间间隔不一致的时间序列可以被定义为不连续的：很多时候，不连续时间序列背后的原因通常是含有缺失或损坏值。在讨论数据输入的方法之前，了解数据缺失的原因是很重要的。造成这种情况的三个最常见的原因是：

❑ 随机缺失：随机缺失意味着数据点缺失的倾向与缺失的数据无关，而是与某些观测到的数据有关。

❑ 完全随机缺失：某个值缺失的事实与其假设值和其他变量的值没有关系。

❑ 非随机缺失：两个可能的原因是，缺失值取决于假设值，或者缺失值取决于其他变量的值。

在前两种情况下，根据出现的情况删除含有缺失值的数据是安全的，而在第三种情况下，删除含有缺失值的观测值可能会在模型中产生偏差。数据插补有不同的解决方案，具体取决于你要解决的问题类型，很难提供一个通用的解决方案。

此外，由于它具有时间特性，因此仅有部分统计方法适用于时间序列数据。

我已经确定了一些最常用的方法，并将它们作为结构指南列在图 1.7 中。

从图 1.7 中可以看出，列表删除会删除具有一个或多个缺失值的所有观测数据。特别是如果缺失的数据仅限于少量的观测，那么可以选择从分析中删除这些情况。然而，在大多数情况下，使用列表删除是不利的。这是因为通常很少有人支持完全随机缺失的假设。因此，列表删除方法会产生有偏差的参数和估计。

成对删除会分析所有存在目标变量的情况，从而最大限度地利用所有数据的分析基础。这种技术的一个优点是它增强了分析的能力，但它也有许多缺点。假定缺失的数据是完全随机地缺失，如果成对删除，那么模型最终会得到不同数量的观测值，这可能会使解释变得困难。

列删除是另一个选项，但保留数据总是比缺失数据好。如果 60% 以上的观测数据缺失，可以删除变量，但只有当该变量不重要时才可以。话虽如此，与丢弃变量相比，插补总是更可取的选择。

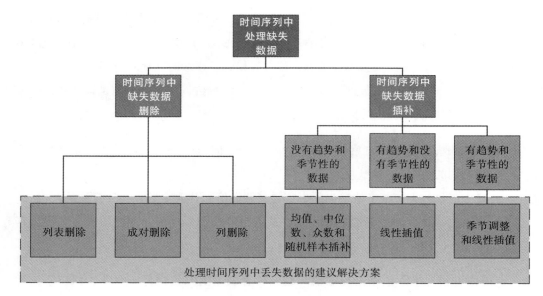

图 1.7　缺失数据处理

9. 关于时间序列的具体方法，有以下几种选择：

❑ **线性插值**：这种方法适用于具有一定趋势的时间序列，但不适用于季节性数据。

❑ **季节调整和线性插值**：这种方法适用于具有趋势和季节性的数据。

❑ **均值、中位数和众数**：计算总体均值、中位数或众数是一种非常基本的估算方法，它是唯——个没有利用时间序列特征或变量之间关系的测试函数。它非常快，但有明显的缺点。缺点是均值插补会降低数据集的方差。

在下一节中，我们将讨论如何将时间序列塑造为监督学习问题，从而应用大量的线性和非线性机器学习算法。

1.2　时间序列预测的监督学习

机器学习是人工智能的一个子集，它使用技术（如深度学习）使机器能够利用经验来完成任务（aka.ms/deeplearningVSmachinelearning）。学习过程基于以下步骤：

1. 将数据输入算法。（在这个步骤中，可以为模型提供额外的信息，例如，执行特征提取。）

2. 使用数据来训练模型。

3. 测试并部署模型。

4. 使用部署的模型来执行自动化的预测任务。换句话说，使用已部署的模型来接收模型返回的预测（aka.ms/deeplearningVSmachinelearning）。

机器学习是实现人工智能的一种方式。通过使用机器学习和深度学习技术，数据科学家可以构建计算机系统和应用程序来完成与人类智能相关的任务。这些任务包括时间序列预测、图像识别、语音识别和语言翻译（aka.ms/deeplearningVSmachinelearning）。

机器学习主要有三类：监督学习、无监督学习和强化学习。接下来我们将详细介绍每一类机器学习。

1. 监督学习是机器学习系统的一种，同时提供输入（数据集中变量值的集合）和期望输出（目标变量的预测值）。数据被先验识别和标记，从而为算法提供学习记忆以便处理未来数据。数字标签的一个示例是二手车的销售价格（aka.ms/MLAlgorithmCS）。监督学习的目的是研究许多像这样的标签示例，然后对未来的数据点做出预测，例如，将准确的销售价格分配给其他二手车，这些二手车的特征与贴标过程中使用的特征相似。之所以被称为监督学习，是因为数据科学家监督从训练集（aka.ms/MLAlgorithmCS）中学习算法的过程：他们知道正确的答案，并在学习过程中与算法迭代地共享它们。有几种特定类型的监督学习。常见的两个是分类和回归：

❑ 分类：分类是监督学习的一种，用于识别新信息所属类别。它可以回答简单的选择题，如是或否、对或错，下面是一些例子：

　❍ 这条推文是积极的吗？

　❍ 这个顾客会续订服务吗？

　❍ 两种优惠券哪一种能吸引更多的顾客？

　　　分类也可以用于在几个类别之间进行预测，在这种情况下称为多分类。它可以用多种可能的答案回答复杂的问题，例如：

- ○ 这条推文的基调是什么？
- ○ 这位顾客会选择哪种服务？
- ○ 哪些促销活动能吸引更多的顾客？
- ❑ 回归：回归是监督学习的一种，用于通过估计变量之间的关系来预测未来。数据科学家利用它来实现以下目标：
  - ○ 估计产品需求
  - ○ 预测销售数字
  - ○ 分析营销回报

2. 无监督学习是机器学习系统的一种，其中输入数据点没有与之关联的标签。在这种情况下，数据没有被先验标记，无监督学习算法本身可以组织数据并描述其结构。这可能意味着将其分组到集群中，或者寻找不同方法查看复杂的数据结构（aka.ms/MLAlgorithmCS）。

无监督学习有几种类型（如聚类分析、异常检测和主成分分析）：

- ❑ 聚类分析：聚类分析是无监督学习的一种，用于将相似的数据点划分为直观的组。数据科学家使用它挖掘数据结构，例如下面的例子：
  - ○ 进行客户细分。
  - ○ 预测客户喜好。
  - ○ 决定市场价格。
- ❑ 异常检测：异常检测是无监督学习的一种，用于识别和预测罕见或异常的数据点。数据科学家在发现异常事件时使用它，比如下面的例子：
  - ○ 捕捉异常设备读数。
  - ○ 检测欺诈行为。
  - ○ 预测风险。

  异常检测采用的方法是简单地了解正常活动是什么样子（使用非欺诈性交易的历史记录），从而识别显著不同之处。

- ❑ 主成分分析：主成分分析是一种通过使用较少的不相关变量来降低特征空间维数的方法。当数据科学家需要组合输入特征以去掉最不重要的特征，同时需要保留数据集特征中最有价值的信息时，他们就会使用它。

当数据科学家需要回答以下问题时，主成分分析是非常有用的：

- 如何理解每个变量之间的关系？
- 如何看待所有收集到的变量，如何关注其中的一些？
- 如何避免模型与数据过度拟合的危险？

3. 强化学习是机器学习系统的一种，其中训练算法以做出一系列决策。该算法在一个不确定的、潜在的复杂环境中学习，通过试错法来提出问题的解决方案（aka.ms/MLAlgorithmCS）。

数据科学家需要定义先验问题，之后算法会根据其执行的操作得到奖励或惩罚。它的目标是奖励最大化。从完全随机的试验开始，由模型决定如何执行任务以达到奖励最大化。以下是一些强化学习的应用实例：

- 交通信号控制的强化学习。
- 用于优化化学反应的强化学习。
- 个性化新闻推荐的强化学习。

数据科学家在选择算法时，需要考虑许多不同的因素（aka.ms/AlgorithmSelection）：

- 评价标准：评价标准帮助数据科学家通过使用不同的指标来监测机器学习模型如何很好地表示数据来评估解决方案的性能，是训练过程中验证模型的重要步骤。对于不同的机器学习方法，有不同的评价指标，如分类场景下的准确率、精度、召回率、F-分数、接收者工作特征（ROC）、曲线下面积（AUC），以及回归场景下的平均绝对误差（MAE）、均方误差（MSE）、R-平方分数、校正 R-平方分数。MAE 是用来衡量预测准确率的指标。顾名思义，它是绝对误差的平均值：绝对误差的绝对值是预期值和实际值之间的差异，并且与比例相关：此度量标准未按平均需求进行比例缩放，这可能是数据科学家的一个局限，他们需要比较不同尺度的时间序列预测方案。对于时间序列预测方案，数据科学家还可以使用平均绝对百分比误差（MAPE）来比较不同预测和平滑方法的拟合度。该指标以 MAE 的百分比表示准确率，并允许数据科学家在不同尺度下比较不同序列的预测结果。

❑ 训练时间：训练时间是指训练机器学习模型所需要的时间。训练时间通常与模型的整体准确率密切相关。此外，有些算法对数据点的数量比其他算法更敏感。在时间有限的情况下，尤其是在数据集较大的情况下，可以以此作为算法选择的标准。

❑ 线性：线性是一种数学函数，它确定了数据集中数据点之间的特定关系。这种数学关系意味着数据点可以图形化地表示为直线。线性算法往往比较简单且训练迅速。不同的机器学习算法可以利用不同的线性函数。线性分类算法（如逻辑回归和支持向量机）假设数据集中的类可以用直线分开。线性回归算法假设数据趋势遵循直线。

❑ 参数数量：机器学习参数数量是通常需要数据科学家手动选择以提高算法性能的数量（例如容错数量、迭代数量、变量之间的选项的数量）（aka.ms/AlgorithmSelection）。正确的设置严重影响着算法的训练时间和准确率。通常，具有大量参数的算法需要进行更多的反复试验才能找到一个好的组合。虽然这是扩展参数空间的好方法，但训练模型所需的时间会随着参数的数量呈指数增长。拥有多个参数可以使算法更具有灵活性。如果你能找到正确的参数设置组合，通常可以达到很好的准确率（aka.ms/AlgorithmSelection）。

❑ 特征数量：特征是现象的属性，数据科学家希望根据其预测结果。大量的特征会使一些学习算法过载，从而延长训练时间。数据科学家可以使用特征选择和降维等技术来减少必须处理的特征数量和维度。虽然这两种方法都可以用于减少数据集中的特征数量，但有一个重要的区别：

　　○ 特征选择是简单地选择一些有关特征同时排除一些无关特征，但不改变维数。

　　○ 降维将特征变换为一个较低的维数。

有了这些重要的机器学习概念，现在可以学习如何将预测场景作为监督学习问题进行重塑，从而应用大量的线性和非线性机器学习算法。

时间序列数据可以表示为监督学习问题：数据科学家通常利用先前的时间步并用作输入，然后利用下一个时间步作为模型的输出，将其时间序列数据集转换为监督学习问题。图 1.8 显示了原始时间序列数据集和经过监督学习转换后的数据集之间的差异。

可以用以下方式总结图 1.8 中的观测结果。

时间序列数据集

传感器 ID	时间戳	值 1
传感器 _1	01/01/2020	236
传感器 _1	01/02/2020	133
传感器 _1	01/03/2020	148
传感器 _1	01/04/2020	152
传感器 _1	01/05/2020	241

时间序列监督学习问题

传感器 ID	时间戳	值 x	值 y
传感器 _1	01/01/2020	NaN	236
传感器 _1	01/01/2020	236	133
传感器 _1	01/02/2020	133	148
传感器 _1	01/03/2020	148	152
传感器 _1	01/04/2020	152	241
传感器 _1	01/05/2020	241	拟预测值

机器学习预测

图 1.8　时间序列数据集监督学习问题

❑ 先前时间步（例如 01/01/2020）中传感器 _1 的值作为监督学习问题的输入（值 x）。

❑ 后续时间步（例如 01/02/2020）中传感器 _1 的值作为监督学习问题的输出（值 y）。

❑ 值得注意的是，在机器学习算法的训练过程中，需要保持传感器 _1 值之间的时间顺序。

❑ 通过对时间序列数据执行此转换，生成的监督学习数据集将在值 x 的第一行中显示一个空值（NaN）。这意味着无法利用先前的值 x 来预测时间序列数据集中的第一个值。建议删除这一行，因为我们不能将其用作时间序列预测的解决方案。

❑ 最后，用于预测序列中最后一个值的下一个值是未知的：这是机器学习模型需要预测的值。

如何将任何时间序列数据集转换为监督学习问题？数据科学家通常利用先前时间步值来预测后续时间步值，这种方法被称为滑动窗口法。一旦应用了滑动窗口法并转换时间序列数据集，数据科学家就可以利用标准的线性和非线性机器学习方法来对时间序列数据进行建模。

图 1.8 中使用了单变量时间序列的示例：这些数据集在每个时间步仅观测一个变量，例如每小时的能源负荷。然而，滑动窗口法可以应用到时间序列数据集（该数据集包括每个时间步观测到的多个历史变量），以及当目标是预测未来多个变量时——这种类型的时间序列数据集被称为多变量时间序列（本书后面将更详细地讨论这一概念）。

可以将这个时间序列数据集重新定义为一个窗口宽度为 1 的监督学习问题。这意味着将使用值 1 和值 2 的先验时间步值。我们还将为值 1 提供下一个时间步值。然后我们将预测值 2 的下一个时间步值。如图 1.9 所示，这将为我们提供三个输入特征和一个输出值来预测每种训练模式。

多变量时间序列数据集

传感器 ID	时间戳	值 1	值 2
传感器 _1	01/01/2020	236	23
传感器 _1	01/02/2020	133	34
传感器 _1	01/03/2020	148	32
传感器 _1	01/04/2020	152	31
传感器 _1	01/05/2020	241	22

多变量时间序列监督学习问题

传感器 ID	时间戳	值 x	值 x2	值 x3	值 y
传感器 _1	01/01/2020	NaN	NaN	236	23
传感器 _1	01/01/2020	236	23	133	34
传感器 _1	01/02/2020	133	34	148	32
传感器 _1	01/03/2020	148	32	152	31
传感器 _1	01/04/2020	152	31	241	22
传感器 _1	01/05/2020	241	22	NaN	拟预测值

机器学习预测

图 1.9   多变量时间序列监督学习问题

在图 1.9 的例子中，我们预测了两个不同的输出变量（值 1 和值 2），但是数据科学家通常需要提前为一个输出变量预测多个时间步。这叫作多步预测。在多步预测中，数据科学家需要指定要预测的时间步数，在时间序列中也称为预测范围。多步预测通常有两种不同的形式：

❏ 单步预测：当数据科学家需要预测下一个时间步（$t+1$）时
❏ 多步预测：当数据科学家需要预测两个或更多个（n）未来时间步（$t+n$）时

例如，需求预测模型会根据当前周的销售情况预测下一周和接下来两周的商品销售量。在股票市场中，根据到今天为止的股票价格可以预测未来 24 小时和 48 小时的股票价格。使用天气预报引擎，可以预测第二天和整周的天气（Brownlee 2017）。

滑动窗口方法也可以应用于多步预测解决方案，以将其转化为监督学习问题。如

图 1.10 所示，可以使用图 1.8 中相同的单变量时间序列数据集作为例子，将其构造为两步预测数据集，用于窗口宽度为 1 的监督学习（Brownlee 2017）。

传感器 ID	时间戳	值 1
传感器 _1	01/01/2020	236
传感器 _1	01/02/2020	133
传感器 _1	01/03/2020	148
传感器 _1	01/04/2020	152
传感器 _1	01/05/2020	241

时间序列数据集

传感器 ID	时间戳	值 x	值 y	值 $y2$
传感器 _1	01/01/2020	NaN	236	133
传感器 _1	01/01/2020	236	133	148
传感器 _1	01/02/2020	133	148	152
传感器 _1	01/03/2020	148	152	241
传感器 _1	01/04/2020	152	241	NaN
传感器 _1	01/05/2020	241	拟预测值	拟预测值

时间序列多步监督学习

机器学习预测　　机器学习预测

图 1.10　单变量时间序列多步监督学习

如图 1.10 所示，数据科学家不能使用该样本数据集的第一行（时间戳 01/01/2020）和倒数第二行（时间戳 01/04/2020）来训练监督模型，因此我们建议删除它们。此外，这个监督数据集的新版本只有一个变量值 x，数据科学家可以利用它来预测值 y 和值 $y2$ 的最后一行（时间戳 01/05/2020）。

在下一节中，将了解用于时间序列数据的不同 Python 库，以及诸如 pandas、statsmodels 和 scikit-learn 等库如何帮助进行数据处理、时间序列建模和机器学习。

最初是为金融时间序列（如每日股票市场价格）开发的，不同 Python 库中的健壮且灵活的数据结构可以应用于任何领域的时间序列数据，包括营销、医疗、工程等。使用这些工具，可以轻松地在任意粒度级别组织、转换、分析和可视化数据——在感兴趣的特定时间段检查细节，缩小探索不同时间范围内的变化，例如月度或年度汇总、重复模式以及长期趋势。

1.3　基于 Python 的时间序列预测

Python 生态系统是应用机器学习的主要平台。

采用 Python 进行时间序列预测的主要理由是，Python 是一种通用编程语言，可用于实验和生产。Python 易于学习和使用，主要是因为该语言注重可读性。Python 是一种动态语言，非常适合交互式开发和快速原型开发，具有支持大型应用程序开发的能力。

由于出色的库支持，Python 也广泛用于机器学习和数据科学，并且它有一些时间序列库，如 NumPy、pandas、SciPy、scikit-learn、statsmodels、Matplotlib、datetime、Keras 等。下面我们将深入了解本书中使用的 Python 时间序列库：

1. SciPy：SciPy 是基于 Python 的数学、科学和工程的开源软件生态系统。核心包包括 NumPy（基本的 n 维数组软件包）、SciPy 库（用于科学计算的基础库）、Matplotlib（用于二维绘图的综合库）、IPython（增强的交互式控制台）、SymPy（用于符号数学的库）和 pandas（用于数据结构和分析的库）等。为大多数 SciPy 库提供了基础的两个 SciPy 库是 NumPy 和 Matplotlib：

❑ NumPy 是使用 Python 进行科学计算的基本软件包。它包括下列内容：

  ❍ 强大的 n 维数组对象。

  ❍ 复杂的（广播）功能。

  ❍ 用于集成 C/C++ 和 Fortran 代码的工具。

  ❍ 线性代数、傅里叶变换和随机数功能。

  最新的 NumPy 文档可以在 numpy.org/devdocs/ 找到。它包括用户指南、完整的参考文档、开发人员指南、元信息和"NumPy 增强建议"（其中包括 NumPy 路线图和主要新特性的详细计划）。

❑ Matplotlib：Matplotlib 是 Python 绘图库，以各种硬拷贝格式和跨平台交互环境生成发布质量的图形。Matplotlib 可用于 Python 脚本、Python 和 IPython Shell、Jupyter Notebook、Web 应用服务器以及四个图形用户界面工具包。

  Matplotlib 对于生成图表、直方图、功率谱、柱状图、错误图、散点图等非常有用，只需要几行代码。最新的 Matplotlib 文档可以在 Matplotlib 用户指南（matplotlib.org/3.1.1/users/index.html）中找到。

此外，有三个更高级别的 SciPy 库提供了 Python 时间序列预测的关键特性，它们分别是用于数据处理、时间序列建模和机器学习的 pandas、statsmodels 和 scikit-learn：

2. pandas：pandas 是 BSD 许可的开源代码库，为 Python 编程语言提供高性能、易于使用的数据结构和数据分析工具。长期以来，Python 一直擅长数据处理和数据准备，但在数据分析和建模方面就不那么擅长了。pandas 帮助填补了这一空白，使你能够在 Python 中执行整个数据分析工作流，而不必切换到如 R 等更特定于领域的语言。

最新的 pandas 文档可以在 pandas 用户指南（pandas.pydata.org/pandas-docs/stable/）中找到。

pandas 是 NumFOCUS 赞助的项目，这有助于确保 pandas 作为一个世界级的开源项目的成功开发。

除了线性和面板回归，pandas 没有实现任何重要的建模功能。

3. statsmodels：statsmodels 是一个 Python 模块，它提供了一些类和函数，用于评估不同的统计模型，以及进行统计测试和统计数据探索。每个估计量都有一个结果统计量的信息列表。结果将与现有的统计包进行测试，以确保它们是正确的。该软件包是在开源代码 Modified BSD（3 条款）许可下发布的。

最新的 statsmodels 文档可以在 statsmodels 用户指南（statsmodels.org/stable/index.html）中找到。

4. scikit-learn：scikit-learn 是一个简单而有效的数据挖掘和数据分析工具。特别是，这个库使用统一的界面实现一系列的机器学习、预处理、交叉验证和可视化算法。它建立在 NumPy、SciPy 和 Matplotlib 的基础上，并在开源代码 Modified BSD（3 条款）许可下发布。

scikit-learn 专注于机器学习数据建模。它不涉及数据的加载、处理、操作和可视化。因此，数据科学家通常将 scikit-learn 与其他库（如 NumPy、pandas 和 Matplotlib）结合使用，以进行数据处理、预处理和可视化。

最新的 scikit-learn 文档可以在 scikit-learn 用户指南（scikit-learn.org/stable/index.html）中找到。

5. Keras：Keras 是一个用 Python 编写的高级的神经网络 API，能够在 TensorFlow、CNTK 和 Theano 上运行。如果数据科学家需要深度学习库执行以下操作，通常会使用 Keras：

- ❑ 支持简单快速的原型设计（通过用户友好性、模块化和可扩展性）。
- ❑ 支持卷积网络和循环网络，以及两者的组合。
- ❑ 在中央处理器（CPU）和图形处理单元（GPU）上无缝运行。

最新的 Keras 文档可以在 Keras 用户指南（keras.io）中找到。

现在，你已经更好地理解了我们将在本书中用来构建端到端预测解决方案的不同 Python 包，那么我们可以进入最后一节，它将为你提供设置 Python 环境以进行时间序列预测的一般建议。

1.4 时间序列预测的实验设置

在本节中，将学习如何在 Visual Studio 代码中使用 Python，以及如何设置 Python 开发环境。具体来说，本教程需要以下内容：

1. Visual Studio Code：Visual Studio Code（VS Code）是一款轻量级但功能强大的源代码编辑器，可以在桌面运行，适用于 Windows、macOS 和 Linux。它内置了对 JavaScript、TypeScript 和 Node.js 的支持，并为其他语言（如 C++、C#、Java、Python、PHP、Go）和运行时（如 .net 和 Unity）提供了丰富的扩展生态系统。

2. Visual Studio Code Python extension：Visual Studio Code Python extension 是一个 Visual Studio 代码扩展，具有对 Python 语言的丰富支持（对于该语言的所有受支持版本：2.7、3.5 以上），如 IntelliSense、整理、调试、代码导航、代码格式化、Jupyter Notebook、重构、变量资源管理器和测试资源管理器。

3. Python 3：Python 3.0 最初发布于 2008 年，是该语言的最新主版本，该语言的最新版本 Python 3.8 于 2019 年 10 月发布。本书的大多数示例都将使用 Python 3.8。

重要的是，要注意 Python 3.x 和 2.x 的发行版本不兼容。虽然语言基本相同，但是很多细节，特别是像字典和字符串这样的内置对象是如何工作的，是有很大变化的，并且很多弃用的特性最终被删除了。以下是一些 Python 3.0 资源：

- Python 文档（python.org/doc/）。
- Python 的最新更新（aka.ms/Python MS）。

如果你还没有这样做，安装 VS Code。接下来，从 Visual Studio Marketplace 安装 VS Code 的 Python 扩展。有关安装扩展的其他详细信息，请参阅扩展市场。由微软发布的 Python 扩展名为 Python。

除了 Python 扩展，还需要安装一个 Python 解释器。

1. 如果你使用的是 Windows：

- 从 python.org 安装 Python。通常可以使用页面上首先出现的下载 Python 按钮来下载最新版本。
- 如果没有 admin 访问权限，在 Windows 上安装 Python 的另一个选择是使用 Microsoft Store。Microsoft Store 提供 Python 3.7 和 Python 3.8 的安装。请注意，使用这种方法可能与某些包存在兼容性问题。
- 有关在 Windows 上使用 Python 的更多信息，请参阅 python.org 上的"在 Windows 上使用 Python"。

2. 如果你使用的是 macOS：

- 不支持在 macOS 系统上安装 Python。建议通过 Homebrew 进行安装。要在 macOS 上使用 Homebrew 安装 Python，请在终端提示符下输入 brew install python3 命令。
- 在 macOS 上，确保 VS Code 安装位置包含在 PATH 环境变量中。有关更多信息，请参阅安装说明。

3. 如果你使用的是 Linux：

Linux 上内置的 Python 3 安装可以很好地工作，但是要安装其他 Python 包，必须使用 get-pip.py 安装 pip。

要验证你的机器上已成功安装 Python，请运行以下命令之一（取决于你的操作系统）：

❑ Linux/macOS：打开终端窗口，输入以下命令：

```
python3 --version
```

❑ Windows：打开命令提示符，执行如下命令：

```
py -3 --version
```

如果安装成功，输出窗口应该显示所安装的 Python 版本。

1.5　总结

在这一章中，介绍了为预测模型准备时间序列数据的核心概念和步骤。通过一些时间序列的实例，我们讨论了时间序列表示、建模和预测的一些基本方面。

具体来说，我们讨论了以下方面：

❑ 时间序列预测的机器学习方法。学习了一些重要概念的标准定义，例如时间序列、时间序列分析和时间序列预测，还探索了为什么时间序列预测是一个基础的跨行业研究领域。

❑ 时间序列预测的监督学习。学习了如何将预测场景重塑为监督学习问题，从而运用大量线性和非线性机器学习算法。

❑ 基于 Python 的时间序列预测。学习了用于时间序列数据的不同 Python 库，如 pandas、statsmodels 和 scikit-learn。

❑ 时间序列预测的实验设置。提供了设置时间序列预测的 Python 环境的一般指南。

在下一章，我们将讨论一些实际概念，比如时间序列预测框架及其应用。此外，还将给从事预测项目的数据科学家一些警告。最后，将介绍一个成功构建机器学习预测解决方案的用例和一些关键技术。

第 2 章

如何在云上设计一个端到端的
时间序列预测解决方案

正如我们在第 1 章中所讨论的，时间序列预测是一种通过一系列时间，通过研究过去现象的行为和表现，并假设未来的事件将与历史趋势和行为相似从而进行预测的方法。

目前，时间序列预测应用在各种场景中，包括天气预报、地震预报、天文学、金融和控制工程等。在许多现代和现实应用中，时间序列预测使用计算机技术，包括云、人工智能和机器学习，来构建和部署端到端的预测解决方案。

为了解决行业中的实际业务问题，拥有一个系统和结构良好的模板至关重要，数据科学家可以将其作为指导方针，并应用它来应对现实世界中的商业场景。

现在让我们开始探索如何将时间序列预测模板应用到时间序列数据和解决方案中。

2.1 时间序列预测模板

该模板是一个敏捷和迭代的框架，可以有效交付时间序列预测解决方案。它包含了有利于成功执行时间序列预测的最佳做法和结构。我们的目标是帮助企业充分认识到数据带来的好处，并在云上构建端到端的预测解决方案。

为了解决预测问题日益增长的多样性和复杂性，近年来开发了许多机器学习和深度学习预测技术。正如我们将在第 4 章和第 5 章中讨论的那样，每一种预测技术都有特殊的应用，必须谨慎地为特定的应用选择正确的技术。对应用于预测场景的算法组合理解得越好，预测工作就越有可能成功。

机器学习算法的选择取决于许多因素——试图回答的业务问题、历史数据的相关性和可用性、需要达到的准确率和成功度量、团队需要多长时间来构建预测解决方案。必须连续在不同的层次上权衡这些约束（Lazzeri 2019b）。

图 2.1 展示了一个时间序列预测模板，其目的是通过讨论数据科学家或公司应该如何处理预测问题，介绍一些可用的方法，并解释如何将每一步匹配到预测问题的不同方面。

正如在图 2.1 中看到的，我们的模板包含不同的步骤：

1. 业务理解和性能度量。

2. 数据摄取。

3. 数据探索和理解。

4. 数据预处理和特征工程缩进。

5. 模型构建和选择。

6. 模型部署。

7. 预测解决方案的接受程度。

在这个过程中，你应该记住一些必要的迭代循环（步骤 3 和步骤 5）：

❑ **数据探索和理解**：数据探索和理解是指，数据科学家使用几种不同的统计技术和可视化方法来探索数据，并更好地理解数据本质。在这个阶段，数据科学家可能会遇到额外的问题，需要请求和摄取额外的或不同的数据，并重新评估在此流程开始时定义的性能度量。

❑ 模型构建和选择：在模型构建和选择阶段，数据科学家可能在构建过程中使用
  新的特征、新的参数甚至新的算法。

在接下来的几节中，将仔细研究不同的步骤，并介绍整本书将使用的用例。

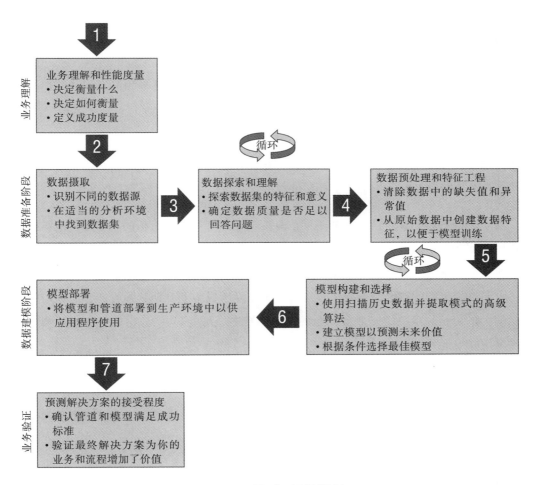

图 2.1   时间序列预测模板

2.1.1   业务理解和性能度量

业务理解和性能度量步骤概述了在做出投资决策之前需要理解和考虑的业务内容，
并解释了如何限定手头的业务问题，以确保预测分析和机器学习确实有效且适用，对于
大多数组织来说，数据缺失不是问题，事实上，情况恰恰相反：信息往往太多以至于无

法做出明确的决定。

有这么多的数据需要整理，所以组织需要一个定义良好的策略来厘清以下业务内容：

❑ 预测如何帮助组织转变业务，才能更好地管理成本，获得更多的运营绩效。
❑ 各组织是否对未来的目标、愿景有明确界定和阐述？
❑ 组织如何获得 C 级高管和利益相关者的支持，来采取这种预测方法和数据驱动的愿景，并推进他们通过业务的不同部分？

公司需要清楚地了解公司的业务和决策过程，以支持预测解决方案。第一步的目标是指定关键性能度量、数据和特征，以及使用其相关性能度量作为模型目标来确定项目的成功，并确定相关数据源的业务访问或获取。

有了正确的心态，之前大量的不同信息变成了一个简单、清晰的决策点。组织必须从正确的问题开始。问题应该是可衡量的、清晰简洁的、与核心业务直接相关的。在这一阶段，重要的是设计问题来限定或取消特定业务问题或机会的潜在解决方案。例如，从一个明确定义的问题开始：一家零售公司正在经历成本上升期，不再能够向客户提供有竞争力的价格。解决这一业务问题的许多困难之一可能是："公司能否在不影响质量的情况下减少运营？"

要回答这种类型的问题，组织需要完成两个主要任务（Lazzeri 2019b）：

❑ 确定业务目标：公司需要与业务专家和其他利益相关者合作，了解和明确业务问题。
❑ 提出正确的问题：公司需要制定明确的问题来定义预测团队可以针对的业务目标。

为了成功地将这个愿景和业务目标转化为可操作的结果，下一步是建立清晰的性能度量。然后，组织需要关注下面这两类分析（Lazzeri 2019b）。

1. 解决这个业务问题并得出准确结论的最佳预测方法是什么？

2. 如何将这个目标转化为能够完成业务的可操作结果？这个步骤可分为三个子步骤：

❑ **决定衡量什么**：让我们采取预测性维护，这是一种用于预测运行中的机器何时会出故障的技术，以便提前很好地规划维护。事实证明，这是一个非常广泛的领域，具有各种各样的最终目标，如预测故障发生的根本原因、识别哪些部件需要更换、在故障发生后提供维护建议等。

许多公司都在尝试预测性维护，其可以从各种传感器和系统中获得大量数据。但是，通常情况下，客户没有足够的故障历史数据，这使得进行预测性维护非常困难。毕竟，需要对模型进行此类故障历史数据训练，以便预测未来的故障事件。

因此，虽然规划任何分析项目的愿景、目的和范围很重要，但从收集正确的数据开始是至关重要的。一旦对将要衡量的内容有了清晰的理解，就要决定如何衡量它，以及为了实现这个目标，最好选用的分析技术是什么。接下来我们将讨论如何做出这些决定，并选择最佳的机器学习方法来解决业务问题（Lazzeri 2019b）。

❑ **决定如何衡量**：思考组织如何衡量数据同样重要，特别是在数据收集和导入阶段之前。在这个步骤中要问的关键问题如下：

　○ 时间框架是什么？

　○ 计量单位是什么？

　○ 应该包括哪些因素？

这一步的中心目标是识别预测分析需要预测的关键业务变量。我们将这些变量作为模型目标，并使用与它们相关联的度量来确定项目的成功程度。这类目标的两个例子是销售预测和订单被欺诈的概率。

一旦决定了解决业务问题的最佳机器学习方法，并确定了预测分析需要预测的关键业务变量，就需要定义一些能够帮助定义项目成功的成功度量。

❑ **定义成功度量**：在确定关键业务变量之后，将业务问题转化为数据科学问题并定义项目成功的度量标准是非常重要的。在这一点上，通过询问并细化相关的、具体的、明确的尖锐问题来重新审视项目目标也是非常重要的。有了这些数据，公司可以为客户提供促销互动来减少客户流失。一个常见的例子是：组织可能对给定的用例感兴趣，在这个用例中基于云的解决方案和机器学习是重要的组件（Lazzeri 2019b）。

与本地解决方案不同，在基于云的解决方案中，前期成本组件是最小的，而且大多数成本元素都与实际使用相关。组织应该充分了解运营预测解决方案（短期或长期）的业务价值。事实上，实现每一个预测操作的商业价值是很重要的。在能源需求预测中，准确地预测未来 24 小时的电力负荷可以防止生产过剩或帮助防止电网过载，这可以通过每天节省的资金来量化。

以下是计算需求预测解决方案财务效益的基本公式：

$$\frac{存储成本 + 数据输出成本 + 预测交易成本}{预测交易数量} = \frac{预测的财务价值}{预测交易数量}$$

如今，组织创建、获取和存储结构化、半结构化和非结构化数据，这些数据可供挖掘以获取见解，并用于机器学习应用来改善操作。因此，对于公司来说，学习如何成功地管理获取和导入数据以便在数据库中立即使用或存储的过程至关重要。

正如上面的能源例子所讨论的，如今的公司依靠数据来做出各种决策——预测趋势、预测市场、计划未来的需求，以及了解客户。但是，如何将公司的所有数据集中到一个地方，以便做出正确的决策呢？

在 2.1.2 节中，我们将讨论公司进行数据摄取的过程，以及将数据从多个不同的地方转移到一个地方的技术和最佳实践。

2.1.2　数据摄取

如今，企业收集大量结构化和非结构化数据，试图利用这些数据发现实时或接近实时的见解，为决策和支持数字转型提供信息。数据摄取是获取并导入数据以便立即使用或存储在数据库中的过程。

数据摄取有三种不同的方法：批处理、实时处理和流处理。

❑ 批处理：一种常见的大数据场景是对静止数据进行批处理。在此场景中，源数据被加载到数据存储中，加载方式可以是由源应用程序本身加载，也可以是通过业务流程工作流加载。然后，通过并行作业就地处理数据，并行作业也可以通过业务流程工作流启动，如图 2.2 所示。

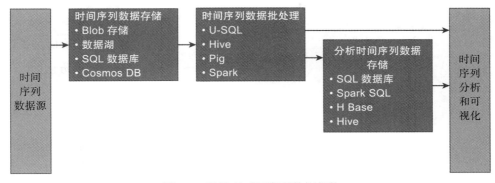

图 2.2　批处理时间序列数据架构

在将转换后的结果加载到分析数据存储中（可以由分析和报告组件查询）之前，处理过程可能包含多个迭代步骤。要了解更多如何选择批处理技术的信息，可以在 aka.ms/TimeSeriesInsights 上阅读关于 Azure 时间序列见解的文章。

❑ 实时处理：实时处理方法处理实时捕获并以最小延迟处理的数据流，以生成实时（或接近实时）报告或自动响应。例如实时交通监控解决方案可以使用传感器数据检测交通高峰。这些数据可以用于动态更新地图，以显示拥塞情况，或自动启动高使用率车道或其他交通管理系统。要了解更多实时处理解决方案推荐选择的技术，可以在 aka.ms/RealTimeSeriesInsights 上阅读相关文章。

❑ 流处理：使用流数据，并立即处理传入的数据流（见 aka.ms/RealTimeProcessing）。在捕获实时信息之后，解决方案必须通过过滤、聚合和准备用于分析的数据的方式来处理，如图 2.3 所示。

一个有效的数据摄取过程首先要确定数据源的优先级，验证单个文件，并将数据项路由到正确的目的地。此外，数据摄取管道将流数据和批处理数据从现有的数据库和数据仓库转移到数据湖。

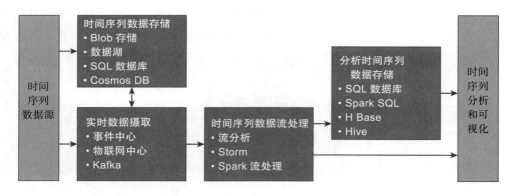

图 2.3 实时和流数据处理架构

在数据收集阶段，数据科学家和架构师需要合作，通常评估两种不同类型的工具：时间序列数据收集工具和存储工具。

❏ 收集工具：时间序列数据收集工具将帮助提取和组织原始数据。流型分析就是例子，它是一个实时分析和复杂事件的处理引擎，旨在同时分析和处理多个来源的大量高速流数据（aka.ms/AzureStreamAnalytics）。模式和关系可以从提取自许多输入源（包括设备、传感器、点击流、社交媒体反馈和应用程序）的信息中识别出来。这些模式可用于触发操作并启动工作流，如创建警报、向报告工具提供信息，或存储转换后的数据以供日后使用。

数据收集工具的另一个例子是数据工厂，这是一个托管的云服务，是为复杂的提取 – 转换 – 加载（ETL）、提取 – 加载 – 转换（ELT）和数据集成项目混合体构建的。它允许你创建数据驱动的工作流，以协调数据移动和大规模转换数据（aka.ms/AzureStreamAnalytics）。

❏ 存储工具：存储工具是允许你存储数据的数据库。这些工具以结构化或非结构化的形式存储数据，并以集成的方式从多个平台聚合信息，例如 Cosmos DB：今天的应用程序要求高度响应并始终在线（aka.ms/MicrosoftCosmosDB）。为了实现低延迟和高可用性，这些应用程序的实例需要部署在离用户较近的数据中心。Cosmos DB 是一个全球分布式的、多模型的数据库服务，它能够在全球许多地区灵活独立地扩展吞吐量和存储（www.aka.ms/MicrosoftCosmosDB）。

在进行需求预测的情况下，需要不断频繁地对负荷数据进行预测，并且必须通过坚实可靠的数据摄取过程来保证原始数据的流动。摄取过程必须保证在规定的时间为预测过程提供原始数据。这意味着数据摄取的频率应该大于预测的频率。

如果需求预测解决方案将在每天早上 8 点生成一个新的预测，那么需要确保收集到的所有数据在过去的 24 小时内已经被完全摄取了，并且必须包括上一小时的数据。

既然对数据摄取有了更好的理解，我们就可以开始执行数据探索了。在 2.1.3 节中，我们将更深入地研究不同的数据技术，重点分析数据的重要方面，以便进行进一步的时间序列分析。

2.1.3 数据探索与理解

数据探索是数据分析的第一步，通常包括总结数据集的主要特征，包括其大小、准确率、数据中的初始模式和其他属性。进行可靠和准确的预测所需的原始数据源必须满足一些基本的数据质量标准。虽然先进的统计方法可以用来弥补一些可能的数据质量欠佳的不足，但我们仍然需要确保在摄取新数据时，其达到了一些基本数据质量阈值（Lazzeri 2019b）。

以下是关于原始数据质量的几个考虑因素：

❑ 缺失值：这是指没有收集到特定的测量值的情况。这里的基本要求是，在任何给定的时间段内，缺失值率不应大于 10%。在缺少单个值的情况下，应该使用预定义的值（例如 ' 9999 '）而不是 ' 0 ' 来表示它， ' 0 ' 可能是一个有效的度量。

❑ 测量准确率：应准确记录消耗值或温度的实际值。不准确的测量结果将产生不准确的预测。通常，测量误差相对于真实值应该小于 1%。

❑ 测量时间：要求所收集数据的实际时间戳相对于实际测量的真实时间不会偏差超过 10 秒。

❑ 同步：当使用多个数据源时（例如消耗和温度），我们必须确保它们之间没有时间同步问题。这意味着从任何两个独立数据源收集的时间戳之间的时间差不应超过 10 秒。

❑ 延迟：如前所述，在 2.1.2 节中，我们依赖于可靠的数据流和摄取过程。为了控制这一点，我们必须确保控制数据延迟。这被指定为实际测量的时间与加载时间之间的时间差。

有效地利用数据探索可以增强对数据领域特征的总体理解，从而允许创建更准确的模型。

数据探索提供了一套简单的工具来获得对数据的一些基本理解。数据探索在把握数据的结构、值的分布以及在数据集中极值和相互关系的存在方面非常强大，这些信息为进一步应用合适的数据预处理和特征工程提供了指导（Lazzeri 2019b）。

一旦原始数据被摄取并被安全存储和探索，它就可以被处理了。数据准备阶段的工作基本上是获取原始数据并将其转换（转换、重塑）为建模阶段所需的形式。这可能包括简单的操作（如使用原始数据列的实际测量值、标准化值）以及更复杂的操作（如时间滞后）。新创建的数据列称为数据特征，生成这些特征的过程称为特征工程。在此过程结束时，我们将拥有一个从原始数据派生出来的新数据集，并可将其用于建模。

2.1.4　数据预处理和特征工程

数据预处理和特征工程是数据科学家从异常值和缺失数据中清理数据集，并使用原始数据创建附加特征，以构建机器学习模型。具体来说，特征工程就是将数据转换为特征，作为机器学习模型的输入，这样高质量的特征有助于提高模型的整体性能。特征在很大程度上也依赖于我们试图用机器学习解决的潜在问题。

在机器学习中，特征是你试图分析的现象的可量化变量，通常由一个数据集的列描述。考虑到一个通用的二维数据集，每个观测由一行描述和每个特征由一列描述，该列将具有观测的特定值，如图 2.4 所示。

每行通常表示一个特征向量，所有观测的整个特征集形成一个二维特征矩阵，也称为特征集。这类似于表示二维数据的数据帧或电子表格。通常，机器学习算法处理这些数字矩阵或张量，因此大多数特征工程技术将原始数据转换为一些数字表示，以便算法理解。

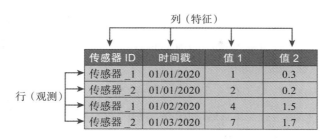

图 2.4　理解时间序列特征

特征可以是基于数据集的两种主要类型：

1. 固有的原始特征：通常已经是你的数据集，不需要额外的数据处理或特征工程操作，因为它们通常是直接从数据源产生和收集的。

2. 衍生特征：通常是通过数据处理或特征工程创建的，在这个阶段，数据科学家需要从现有的数据属性中提取特征。

以下是预测模型包含的一些常见数据衍生特征：

❑　时间驱动特征：这些特征来源于日期 / 时间戳数据。它们被提取并转换成如下的分类特征：
　　○　一天中的时间：这是一天中的小时，取值范围从 0 到 23。
　　○　星期：表示星期几，取值范围从 1（星期日）到 7（星期六）。
　　○　日期：这表示实际的日期，可以取 1 到 31 的值。
　　○　月份：表示月份，取值范围从 1（一月）到 12（十二月）。
　　○　周末：这是一个二进制值特征，工作日取 0，周末取 1。
　　○　假日：这是一个二进制值特征，它的值为 0 表示普通的一天，1 表示假日。
　　○　傅里叶项：傅里叶项是从时间戳中推导出的权值，用于捕获数据中的季节性（周期）。由于数据中可能有多个周期，因此我们可能需要多个傅里叶项。例如，需求值可能有年、周和日的周期，这将产生三个傅里叶项。

❑　独立的测量特征：独立的特征包括我们想在模型中用作预测器的所有数据元素。这里排除了需要预测的依赖特征。
　　○　滞后特征：这些是实际需求的时移值。例如，滞后 1 特征将保持相对于当前时间戳的前一小时的需求值（假设每小时的数据）。类似地，我们可以加上滞后 2、滞后 3 等等。所使用的滞后特征的实际组合是在建模阶段通过对模型结果的评估来确定的。

  ○ 长期趋势：这一特征代表了需求在年份之间的线性增长。

❑ 依赖特征：依赖特征是我们希望模型预测的数据列。通过监督机器学习，我们需要首先使用依赖特征（也称为标签）训练模型。这允许模型学习与依赖特征相关联的数据中的模式。在能源需求预测中，通常想要预测实际需求，因此我们将它作为依赖特征。

正如在本节中讨论的，数据预处理和特征工程是准备、清理数据和创建特征的重要步骤，这些特征将使机器学习算法工作得更好，产生更准确的结果。

在 2.1.5 节中，我们将讨论如何使用预处理数据和特征构建预测模型。我们将深入了解不同的概念和技术，帮助你为时间序列数据生成多个机器学习模型。

2.1.5　模型构建和选择

模型构建阶段是将数据转换为模型的阶段。在这一过程的核心步骤中，可用一些先进的算法扫描历史数据（训练数据），提取模式，并最终建立模型。该模型以后可以用于预测尚未用于构建模型的新数据。

一旦我们有了一个可靠的工作模型，我们就可以使用它来为新数据评估，这些数据的结构包含了所需的特征。评估过程将使用持久化模型（来自训练阶段的对象）并预测目标变量。

此时，区分机器学习中的训练集、验证集和测试集也很重要，如图 2.5 所示。

图 2.5　数据集分割的表示

❑ 训练集：训练集供数据科学家用来拟合机器学习模型。通过训练集，可以训练机器学习算法，使其从历史数据中学习，以预测未来的数据点。

❑ 验证集：验证集用于在调整模型超参数时，为模型在训练集上的拟合提供无偏评估。数据科学家通常利用验证集微调机器学习模型超参数。超参数是模型中的附加因素，其值用于控制并最终改善模型的学习过程。数据科学家观测验证集的结果，以更新超参数的级别，从而改进模型。

❑ 测试集：测试集通过观测训练集和测试集上的预测误差，确定模型是否欠拟合（模型在训练集上表现不佳）或过度拟合（模型在训练集上而不是在测试集上表现良好）训练集数据。测试集仅在模型通过训练集完全训练和验证集完全验证后使用。数据科学家通常利用测试集来评估不同的机器学习模型。

既然你已经更好地理解了这些数据集之间的区别，那么如何将数据集划分为训练集、验证集和测试集也很重要，这一划分主要取决于两个因素：

❑ 数据的样本总数。
❑ 正在训练的实际模型。

有些模型需要大量的数据来训练，所以在这种情况下，我们需要优化更大的训练集。超参数很少的模型很容易验证和调优，所以我们可以减小验证集的大小，但是如果模型有很多超参数，那么也需要有一个大的验证集。同样，如果处理一个没有超参数或不易调整的模型，那么可能不需要验证集。总而言之，训练 – 测试 – 验证划分比也适用于你的用例（Lazzeri 2019b）。

在之后章节中，我们将讨论一些流行的经典时间序列技术和深度学习方法，以及如何将它们应用到数据中，以构建、训练、测试和验证预测模型。其中一些技术将在第4章和第5章中更详细地讨论。

2.2　需求预测建模技术概述

在许多行业，准确预测未来序列的能力是至关重要的，金融、供应链和制造业只是一些个例。经典的时间序列技术已经应用于这项任务几十年了，但现在，深度学习方法——类似于计算机视觉和自动翻译中使用的方法——也有可能彻底改变时间序列预测

（Lazzeri 2019b）。

在需求预测中，我们充分利用按时间排序的历史数据。我们通常把包含时间维度的数据称为时间序列。时间序列建模的目标是找到与时间相关的趋势、季节性和自相关性（随时间变化的相关性），并建立模型。

近年来，为了适应时间序列预测和提高预测准确率，开发了一些先进的算法。在这里简要地讨论其中的一些，这些信息并不是机器学习和预测的概述，而是对常用于需求预测的建模技术的简单介绍。

- ❑ 移动平均（MA）：这是最早用于时间序列预测的分析技术之一，至今仍是最常用的技术之一。它也是更先进的预测技术的基础。使用移动平均，通过对最近的 K 个点求平均来预测下一个数据点，其中 K 表示移动平均的次数。移动平均技术具有平滑预测的效果，因此可能不能很好地处理数据中的大波动。

- ❑ 指数平滑：这是一系列方法，使用最近数据点的加权平均来预测下一个数据点。具体做法是，为最近的值分配更高的权重，并逐渐降低旧的测量值的权重。这系列方法涉及处理数据的季节性，如霍尔特 – 温特斯季节性方法（Holt-Winters Seasonal Method）。有些方法还考虑到了数据的季节性。

- ❑ 差分自回归移动平均（ARIMA）模型：这是另一种常用的时间序列预测方法。它实际上结合了自回归方法和移动平均。自回归方法使用回归模型，通过之前的时间序列值来计算下一个日期点。ARIMA 采用了不同的方法，包括计算数据点之间的差值，并使用这些差值代替原始测量值。最后，ARIMA 也使用了上面讨论过的移动平均技术。所有这些方法以各种方式组合成了 ARIMA 方法系列。ETS 和 ARIMA 目前被广泛用于解决需求预测和许多其他预测问题。在许多情况下，将这些方法结合在一起可以提供非常准确的结果。

- ❑ 一般多元回归：这可能是机器学习和统计领域中最重要的建模方法。在时间序列背景下，我们使用回归来预测未来的值（例如需求）。在回归中，我们采用预测器的线性组合，并在训练过程中学习这些预测器的权重（也称为系数）。我们的目标是生成一条回归线来预测我们的预测值。回归方法适用于目标变量为数值的情况，因此也适用于时间序列预测。回归方法有很多，包括非常简单的回归模型（如线性回归）和更高级的回归模型（如决策树、随机森林、神经网络和增强的决策树）。

由于深度学习神经网络适用于许多现实问题（如欺诈检测、垃圾邮件过滤、金融和医学诊断），以及其产生可操作结果的能力，它在近年来获得了大量关注。一般来说，深度学习方法已被应用于单变量时间序列预测场景，其中时间序列由在相等时间增量上顺序记录的单一观测数据结果组成（Lazzeri 2019a）。

因此，它们的表现往往不如经典的预测方法，如指数平滑和 ARIMA。这导致了一种普遍的误解，即深度学习模型在时间序列预测场景中效率低下，许多数据科学家怀疑是否真的有必要在时间序列工具包中添加另一类方法，如卷积神经网络或循环神经网络。深度学习是机器学习算法的子集，通过将输入数据表示为向量，并通过一系列巧妙的线性代数运算将其转换为给定的输出，学习并提取这些特征（Lazzeri 2019a）。

然后，数据科学家使用损失函数来评估输出是否符合预期。该过程的目标是使用每个训练输入的损失函数的结果来指导模型提取将在下一次传递时导致较低损失值的特征。这一过程已被用于对大量信息进行聚类和分类，比如数百万张卫星图像，YouTube 的成千上万个视频和音频记录，以及 Twitter 的历史、文本和情感数据。

深度学习神经网络有三个主要的内在能力：

❑ 可以从输入到输出的任意映射中学习。
❑ 支持多种输入和输出。
❑ 可以自动提取跨越长序列的输入数据中的模式。

由于这三个特点，它们可以在数据科学家处理更复杂但仍然很常见的问题时提供很多帮助，例如时间序列预测。在试验了不同的时间序列预测模型之后，需要根据数据和特定的时间序列场景选择最佳的模型。模型选择是模型开发过程中不可分割的一部分，在下一节中，我们将讨论模型评估如何帮助你找到数据的最佳模型，并了解所选模型在未来的工作性能（Lazzeri 2019b）。

2.2.1   模型评估

模型评估在建模步骤中具有关键作用。在此步骤中,我们将研究如何使用真实数据验证模型及其性能。在建模步骤中,我们使用一部分可用数据来训练模型。在评估阶段,我们使用剩余的数据来测试模型。实际上,这意味着我们正在训练模型中已经重组并包含和训练集相同特征的新数据。

然而,在验证过程中,我们使用模型来预测目标变量,而不是提供可用的目标变量。我们经常把这个过程称为模型评估。然后,我们将真实的目标值与预测值进行比较。这里的目标是测量预测误差并最小化,即预测值与真实值之间的差异。

量化误差测量是关键,因为我们想要微调模型并验证误差是否确实在减少。可以通过修改控制学习过程的模型参数或添加或删除数据特征(称为参数扫描)来对模型进行微调。实际上,这意味着我们可能需要在特征工程、建模和模型评估之间多次迭代,直到能够将误差减少到所需的水平。

需要强调的是,预测的误差永远不会为零,因为从来没有一个模型可以完美地预测每个结果。然而,有一定程度的误差企业是可以接受的。在验证过程中,我们希望确保模型预测误差处于或优于业务容忍水平。因此,在问题制定阶段,在迭代循环开始时设置可容忍的误差水平是很重要的。

测量和量化预测误差的方法有很多。具体来说,有一种与时间序列相关的、特定于需求预测的评估技术:MAPE。MAPE 代表平均绝对百分比误差。使用 MAPE,我们计算每个预测点与该点实际值之间的差值。然后,我们通过计算差值相对于实际值的比例来量化每个点的误差。最后,我们取这些值的平均值。MAPE 使用的数学公式如下:

$$\text{MAPE} = \left(\frac{1}{n} \sum \left| \frac{\text{实际值} - \text{预测值}}{\text{实际值}} \right| \right) \times 100\%$$

MAPE 是尺度敏感的,在处理低容量数据时不应该使用。请注意,由于实际值也代表方程的分母,所以当实际需求为零时,MAPE 是没有定义的。此外,当实际值不是零,而是非常小的时候,MAPE 经常会出现极值。这种尺度敏感性使得 MAPE 作为低容量数据的误差测量方法几乎毫无价值。

这里还需要提到一些其他的评估技巧：

❑ 平均绝对偏差（MAD）：这个公式衡量单个项目的误差。当分析单个项目的误差时，MAD 是一个很好的统计数据。但是，如果在多个项目上聚合 MAD，则需要注意大容量产品主导的结果——后面将详细讨论这一点。MAPE 和 MAD 是迄今为止最常用的误差测量统计量。预测文献中有大量的可替代统计数据，其中许多是 MAPE 和 MAD 的变体（Stellwagen 2011）。

❑ 平均绝对偏差（MAD）/平均比：这是 MAPE 的另一种选择，更适合间歇和低容量数据。如前所述，当实际值为零时，无法计算百分比误差，在处理小容量数据时，它们可以出现极值。当你开始在多个时间序列中计算平均映射时，这些问题会被放大。MAD/平均比试图通过将 MAD 除以平均比来克服这个问题，本质上是重新调整误差，使其在不同尺度的时间序列中具有可比性。该统计数据的计算正如其名——MAD 除以平均比（Stellwagen 2011）。

❑ 几何平均相对绝对误差（GMRAE）：这个度量用于测量样本外的预测性能。它是用朴素模型和当前选择模型之间的相对误差计算的（即下一时期的预测是这一时期的实际情况）。GMRAE = 0.54 表明，在使用相同数据集情况下，当前模型的误差仅为简单模型生成的误差的 54%，由于 GMRAE 基于相对误差，因此它比 MAPE 和 MAD 的尺度敏感性低（Stellwagen 2011）。

❑ 对称平均绝对百分比误差（SMAPE）：这是 MAPE 的一个变体，使用实际绝对值和分母中的预测的绝对值的平均值来计算。在一些预测比赛中，这一统计数据比 MAPE 更受欢迎，并被用作准确率衡量标准（Stellwagen 2011）。

在为预测解决方案选择最佳模型之后，数据科学家通常需要部署模型。在 2.2.2 节中，我们将进一步了解部署过程，也就是将机器学习模型集成到现有生产环境中，以便开始使用它根据数据做出实际业务决策。这是机器学习生命周期的最后阶段之一。

2.2.2　模型部署

模型部署是一种将机器学习模型集成到现有生产环境中的方法，以便开始使用它根据数据做出实际的业务决策。它是机器学习生命周期的最后阶段之一，也可能是最烦琐的阶段之一。通常，组织的 IT 系统与传统的模型构建语言不兼容，迫使数据科学家和程序员花费宝贵的时间和脑力重写它们（Lazzeri 2019c）。

一旦我们确定了建模阶段并验证了模型性能，我们就可以进入部署阶段了。在这种情况下，部署意味着允许客户在模型上大规模运行实际的预测。

机器学习模型部署是将机器学习算法转换为 Web 服务的过程。我们将这个转换过程称为操作化：将机器学习模型操作化意味着将其转换为一个可消费的服务，并将其嵌入到现有的生产环境中（Lazzeri 2019c）。

模型部署是机器学习模型工作流程的一个基本步骤（图 2.6），因为通过机器学习模型部署，公司可以充分利用构建的可预测性的智能模型、根据模型结果开发业务实践，从而，转变成实际数据驱动业务。

图 2.6　机器学习模型工作流程

当我们想到机器学习时，我们会把注意力集中在机器学习工作流的关键组件上，比如数据源和导入、数据管道、机器学习模型的训练和测试、如何设计新特征，以及使用哪些变量来使模型更准确。所有这些步骤都很重要；然而，考虑随着时间的推移我们将如何使用这些模型和数据也是每个机器学习管道中的关键步骤。只有当一个模型被部署和运行时，我们才能开始从预测中提取真正的价值和业务利益（Lazzeri 2019c）。

成功的模型部署是数据驱动企业的基础，原因如下：

❏ 机器学习模型的部署意味着将模型提供给外部客户和 / 或公司的其他团队和利益相关者。

❏ 通过部署模型，公司的其他团队可以使用模型，向模型发送数据，并获得预测，这些预测依次返回到公司系统中再次利用，以提高训练数据的质量和数量。

❏ 一旦启动这一过程，公司将开始在生产中构建和部署更多的机器学习模型，并掌握稳健和可重复的方法，将模型从开发环境转移到生产环境中去。

许多公司将机器启用工作视为一种技术实践。然而，它更多的是在公司内部开始的业务驱动的计划；为了成为一个数据驱动的公司，成功运营和理解业务的人员必须与负责机器学习部署工作流程的团队密切合作（Lazzeri 2019c）。

从机器学习解决方案创建的第一天起，数据科学团队就应该与业务伙伴进行互动。为了理解模型部署和使用步骤的实验过程，保持持续的交互是非常重要的。大多数企业都在努力发掘机器学习的潜力，以优化运营流程，让数据科学家、分析师和业务团队使用相同的语言。

此外，机器学习模型必须在历史数据上进行训练，这需要创建一个预测数据管道，这一活动需要多个任务，包括数据处理、特征工程和调优。每个任务，包括库的版本和缺失值的处理，都必须从开发环境精确地复制到生产环境。有时，开发和生产中使用的技术差异会导致部署机器学习模型时出现问题。

公司可以使用机器学习管道来创建和管理将机器学习阶段结合在一起的工作流。例如，管道可能包括数据准备、模型训练、模型部署和推理 / 评估阶段。每个阶段可以包含多个步骤，每个步骤可以在不同的计算目标中无人值守地运行。管道步骤是可重用的，如果该步骤的输出没有更改，则可以在不重新运行后续步骤的情况下运行该步骤。管道还允许数据科学家在机器学习工作流的不同领域进行协作（Lazzeri 2019c）。

对于那些希望通过机器学习改变运营方式的公司来说，构建、训练、测试，最后，部署机器学习模型，往往是一个冗长而缓慢的过程。此外，即使开发了几个月，训练了一个基于单一算法的机器学习模型，管理团队也很难知道数据科学家是否创建了一个伟大的模型，以及如何扩展和操作模型。

接下来，我将分享一些关于公司如何选择正确工具以成功进行模型部署的指导方针。我将使用 Azure 机器学习服务来说明这个工作流，但是它也可以用于你选择的任何机器学习产品。

模型部署工作流程应基于以下三个简单步骤（Lazzeri 2019c）：

1. 注册模型：注册模型是一个逻辑容器，用来存放组成模型的一个或多个文件。例如，如果有一个存储在多个文件中的模型，你可以在工作区中将它们注册为单个模型。注册之后，你就可以下载或部署已注册的模型，并接收已注册的所有文件。在创建 Azure 机器学习工作空间时注册机器学习模型。模型可以来自 Azure 机器学习或其他地方。

2. 准备部署（指定资产、使用、计算目标）：要将模型部署为 Web 服务，必须创建推理配置和部署配置。推理或模型评估，是将部署的模型用于预测的阶段，通常用于生成数据。在推理配置中，指定为模型提供服务所需的脚本和依赖项。在部署配置中，指定如何在计算目标上服务模型的详细信息。

输入脚本接收提交给已部署 Web 服务的数据，并将其传递给模型。然后，脚本接受模型返回的响应，并将其返回给客户端。脚本是特定于模型的；它必须理解模型预期和返回的数据（Lazzeri 2019c）。

该脚本包含读取和运行该模型的两个函数：

❑ init()：这个函数会将模型读取到一个全局对象中。这个函数只在 Web 服务的 Docker 容器启动时运行一次。
❑ run(input_data)：该函数使用模型根据输入数据预测一个值。运行的输入和输出通常使用 JSON 进行序列化和反序列化。你还可以处理原始二进制数据。你可以在将数据发送到模型或返回到客户机之前转换数据。

注册模型时，需要提供一个模型名称，用于在 Azure 注册表中管理模型。在模型中用这个名字 Model.get_model_path() 来检索模型文件在本地文件系统上的路径。如果注册了一个文件夹或文件集合，该 API 将返回包含这些文件的目录的路径。

3. 将模型部署到计算目标：最后，在部署之前，必须定义部署配置。部署配置特定于将承载 Web 服务的计算目标。例如，在本地部署时，必须指定服务接受请求的端口。表 2.1 列出了可用于承载 Web 服务部署的计算目标或计算资源。

表 2.1　可用于承载 Web 服务部署的计算目标或计算资源

计算目标	使　用	描　述
本地网络服务	测试 / 调试	适合于有限的测试和故障排除 硬件加速取决于本地系统中使用的库
Notebook 虚拟机网络服务	测试 / 调试	适合于有限的测试和故障排除
Azure Kubernetes 服务（AKS）	实时验证	适合于大规模的生产部署。提供快速的响应时间和部署服务的自动调整功能。不支持通过 Azure 机器学习 SDK 进行集群自动扩展。要更改 AKS 集群中的节点，请使用 Azure 门户中 AKS 集群的 UI
Azure 容器实例	测试或开发	适用于需要 <48 GB RAM 的低规模、基于 CPU 的工作负荷
Azure 机器学习计算	批量验证	在无服务器计算上运行批量评估 支持正常和低优先级的虚拟机
Azure 物联网边缘计算组件	物联网模块	在物联网设备上部署和服务机器学习模型
Azure 数据盒边缘计算组件	物联网边缘计算	在物联网设备上部署和服务机器学习模型

在部署需求预测解决方案时，我们希望部署一个端到端解决方案，它超越了预测 Web 服务，并简化了整个数据流。在我们调用新的预测时，我们需要确保为模型提供最新的数据特征。这意味着新收集到的原始数据会不断被摄取、处理，并转换为构建模型所需的特征集。

同时，我们希望将预测数据提供给最终消费客户。以下是能源需求预测周期中需要采取的步骤：

- ❑ 部署的数百万个数据仪表不断产生实时的电力消耗数据。
- ❑ 这些数据正在被收集并上传到云存储库中。
- ❑ 在处理之前，原始数据将被聚合到业务部门定义的变电站或区域级别。
- ❑ 然后进行特征处理，生成模型训练或评估所需的数据——特征集数据存储在数据库中。
- ❑ 调用再训练服务对预测模型进行再训练——保留模型的更新版本，以便评估 Web 服务可以使用它。
- ❑ 根据符合所需预测频率的计划调用评估 Web 服务。

❑ 预测数据存储在最终消费客户端可以访问的数据库中。

❑ 消费客户端检索预测，将其应用回网格，并根据所需的用例消费它。

如图 2.7 所示，在我们构建了一组性能良好的模型之后，我们可以对它们进行操作，以供其他应用程序使用。

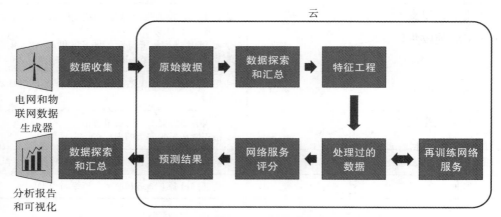

图 2.7　端到端解决方案的能源需求预测

根据业务需求，可以实时地或批量地进行预测。要部署模型，你可以使用开放 API 公开它们。该接口使模型可以方便地从各种应用程序中使用，例如：

❑ 在线网站。

❑ 电子表格。

❑ 仪表板。

❑ 业务线应用。

❑ 后端应用。

一旦部署了机器学习解决方案，最后确定项目交付成果是至关重要的。在 2.2.3 节中，我们将讨论数据科学家如何确认管道、模型以及它们在生产环境中的部署满足客户和最终用户的目标。

2.2.3　预测解决方案的接受程度

在时间序列预测解决方案开发的最后阶段，数据科学家需要确认管道、模型以及它们在生产环境中的部署满足客户和最终用户的目标。

假设一个组织拥有所有正确的要素，包括正确的员工文化，他们仍然需要有正确的技术平台，以支持数据科学家的生产力，并帮助他们快速创新和迭代。一个现代的云分析环境将使收集数据、分析、试验、并快速将产品投入生产与目标客户群变得非常容易。这种能力正成为数据驱动组织（无论大小）的必备能力（Lazzeri 2019c）。

如果没有这样的平台，数据科学家将很难在实验中快速迭代，从失败和成功中快速学习，并从数据中发现有趣的可操作的见解。如果没有正确的文化、基础设施和工具，组织最终会发现自己落后于更灵活的竞争对手。

在客户验收阶段有两个主要的任务：

❑　系统验证：确认部署的模型和管道是否满足客户的需求。
❑　项目移交：将项目移交给将在生产中运行系统的实体（Lazzeri 2019b）。

客户应该验证系统是否满足业务需求，并确认系统是否以可接受的准确率回答问题，以便将系统部署到生产环境中，供客户的应用程序使用。所有的文档均应最终定稿和审查。项目被移交给负责运营的实体。例如，这个实体可能是 IT 或客户数据科学团队，或者是负责在生产环境中运行系统的客户代理。

成功浏览文档的能力可以很好地决定了基于机器学习的预测解决方案的可行性和寿命。

为了使这些数据科学生命周期更加具体，现在将介绍一个需求预测用例，并展示一些预测场景和示例代码。

2.3　用例：需求预测

在本节中，将介绍一个真实的数据科学场景——需求预测用例，用它来展示到目前为止讨论的一些概念、步骤和技术。我相信每个人都必须学会聪明地处理大量数据，因此大型数据集是包括在内的、开放的和免费访问的。

在过去的几年中，物联网（IoT）、替代能源和大数据的融合为公用事业和能源领域创造了巨大的机遇。由于消费者要求更好的方式来控制能源使用，公用事业和整个能源部门的消费已经趋于平缓。因此，电力公司和智能电网公司非常需要创新。此外，许多电力和公用事业电网正在变得过时，维护和管理成本非常高。

在能源部门，需求预测可以通过多种方式帮助解决关键的业务问题。事实上，需求预测可以被认为是该行业中许多核心用例的基础。一般来说，我们考虑两种类型的能源需求预测：短期和长期。每一种类型可能都有不同的目的和方法。两者之间的主要区别是预测范围，也就是我们所预测的未来时间范围。

在能源需求的背景下，短期负荷预测（STLF）被定义为在不久的将来对电网的各个部分（或整个电网）进行总负荷预测。在这种情况下，短期被定义为 1 小时到 24 小时内的某个时间范围。在某些情况下，48 小时的期限也是可能的。因此，STLF 在电网的操作用例中非常常见。

STLF 模型大多基于最近（上一天或上一周）的消费数据，并将预测的气温作为重要的预测指标。现在，获取未来 1 小时乃至 24 小时的准确气温预报已不再是一项挑战。这些模型对季节性模式或长期消费趋势不太敏感。

STLF 解决方案还可能产生大量的预测调用（服务请求），因为它们每小时调用一次，在某些情况下甚至调用频率更高。植入也很常见，每个单独的变电站或变压器被表示为一个独立的模型，因此预测请求的数量甚至更大。

长期负荷预测（LTLF）的目标是在一个时间段内预测电力需求，范围从一周到几个月（在某些情况下是几年）。这个范围主要适用于计划和投资用例。

对于长期场景，拥有覆盖多年（至少三年）跨度的高质量数据是非常重要的。这些模型通常会从历史数据中提取季节性模式，并利用诸如天气和气候模式等外部预测因素。

重要的是要清楚，预测的期限越长，预测的准确性可能就越低。因此，在实际预测的同时产生一些置信区间是很重要的，这将允许人们在规划过程中考虑可能的变化。

由于 LTLF 的消费场景主要是规划的，我们可以期望预测量远低于 STLF。我们通常会看到这些预测嵌入到可视化工具（如 Excel 或 PowerBI）中，并由用户手动调用。

表 2.2 比较了 STLF 和 LTLF 的最重要属性。

表 2.2　短期预测与长期预测

属　性	短期负荷预测	长期负荷预测
预测范围	从 1 小时到 48 小时	1 至 6 个月或更长时间
数据粒度	每小时	每小时或每天
典型用例	需求 / 供应平衡 拣货时间预测 需求响应	长期规划 电网资产规划 资源规划
典型的预测指标	一天或一周 一天中的时间 每小时气温	一年中的某月 一个月中的某天 长期的气温和气候
历史数据范围	2 到 3 年的数据	5 到 10 年的数据
典型准确率	5% MAPE（平均绝对百分误差）或更低	25% MAPE（平均绝对百分误差）或更低
预测频率	每小时或每 24 小时进行一次	每月度、季度或年度进行一次

从表 2.2 可以看出，区分短期和长期预测场景非常重要，因为它们代表不同的业务需求，可能具有不同的部署和消耗模式。

任何基于分析的高级解决方案都依赖于数据。具体来说，在预测分析和预测时，我们依赖于持续的、动态的数据流。在能源需求预测的情况下，这些数据可以直接来自智能电表，或者已经聚合在本地数据库中。我们还依赖于其他外部数据来源，如天气和温度。必须对正在进行的数据流进行编排、调度和存储。

对于这个特定的用例，我们将使用来自 GEFCom2014 竞赛的公共数据集 "负荷预测数据"。GEFCom2014 的负荷预测轨迹为概率负荷预测。完整数据作为我们 GEFCom2014 论文的附录发表（Hong 等 . 2016）。

对于本书的其余部分，你可以从 aka.ms/EnergyDataSet 下载数据集。这个数据集包括 2012 年至 2014 年期间三年每小时的电力负荷和温度值。一个准确和快速执行的预测需要实现三种预测模型：

- 能够预测未来几周或几个月的电力消耗的长期模型。
- 能够预测未来一小时过载情况的短期模型。
- 温度模型可以多个场景中预测未来的温度。

由于温度对长期模型来说是一个重要的预测因素，因此需要不断地产生多情景温度预测，并将其输入到长期模型中。此外，为了在短期内获得更高的预测准确率，一天中的每个小时都有一个更细粒度的模型。

在确定了所需的数据源之后，我们希望确保收集到的原始数据包含正确的数据特征。为了构建一个可靠的需求预测模型，我们需要确保收集的数据包括可以帮助预测未来需求的数据元素。以下是关于原始数据的数据结构（模式）的一些基本要求。

原始数据由行和列组成。每个测量值都表示为一行数据。每一行数据包括多个列（也称为特征或字段）：

- 时间戳：时间戳字段表示记录测量结果的实际时间。它应符合其中一种常见的日期 / 时间格式。日期和时间部分都应该包括在内。在大多数情况下，在第二级粒度之前不需要记录时间。指定记录数据的时区很重要。
- 负荷值：这是在给定日期 / 时间的实际消耗。耗电量可以用千瓦时或其他首选单位来计量。值得注意的是，度量单元必须在数据中的所有度量值中保持一致。在某些情况下，消费可以提供超过三个功率相位。在这种情况下，我们需要收集所有独立的消费阶段。
- 温度：温度通常从一个独立的来源收集。但是，它应该与消费数据兼容。它应该包括如上所述的时间戳，这将允许它与实际消耗数据同步。可以用摄氏度或华氏度指定温度值，但应在所有测量中保持一致。

在接下来的几章中，我们将使用这个需求预测用例来讨论许多经典的机器学习和深度学习方法。

2.4 总结

本章的目的是从实际角度为时间序列预测提供端到端系统模板，所以介绍了一些构建端到端时间序列预测解决方案的重要概念。

特别是，我们详细讨论了以下概念：

❑ 时间序列预测模板。这是一组任务，即从定义业务问题到部署时间序列预测模型，并准备将其用于外部或整个公司。

  我们的模板基于以下步骤：

  ○ 业务理解和性能度量。业务理解和性能度量步骤概述了在做出投资决策之前需要理解和考虑的业务方面。

  ○ 数据摄取。数据摄取是收集和导入数据的过程，这些数据将被清理、分析或存储在数据库中。

  ○ 数据探索与理解。一旦原始数据被摄取并安全存储，它就可以被探索和理解。

  ○ 数据预处理和特征工程。数据预处理和特征工程是数据科学家从异常数据和缺失数据中清理数据集，并使用原始数据创建附加特征，以构建机器学习模型的步骤。

  ○ 模型构建和选择。模型构建阶段是将数据转换为模型。这一过程的实现需要通过先进的算法扫描历史数据（训练数据），提取模式，并最终建立模型。该模型以后可以用于预测尚未用于构建模型的新数据。

  ○ 模型部署。部署是一种将机器学习模型集成到现有生产环境中的方法，以便开始使用它根据数据做出实际的业务决策。这是机器学习生命周期的最后阶段之一。

  ○ 预测解决方案的接受程度。在时间序列预测解决方案部署的最后阶段，数据科学家需要确认和验证管道、模型及其在生产环境中的部署是否满足成功标准。

❑ 用例：需求预测。在本章的结尾，介绍了一个真实世界的数据科学场景，我们使用它来展示一些时间序列的概念、步骤和讨论的技术。

在第 3 章中，将讨论关于时间序列数据准备的一些流行的概念和技术。特别是，将进一步研究处理时间序列数据时的重要步骤：

- ❑ 用于时间序列数据的 Python 库
- ❑ 探索与理解时间序列
- ❑ 时间序列特征工程

CHAPTER 3

第 **3** 章

时间序列数据准备

本章将引导读者完成时间序列预测中最重要的步骤，即准备用于预测模型的时间序列数据。数据准备是对原始数据进行转换的一种做法，以便数据科学家可以通过机器学习算法运行转换后的数据，并最终做出预测。

每个机器学习算法都希望以特定格式的数据作为输入，因此时间序列数据集通常需要经过清理和特征工程才能产生有用的见解。时间序列数据集可能缺失值或包含异常值，因此需要数据准备和清理阶段。由于时间序列数据具有时间特性，因此仅有某些统计方法适用于时间序列数据处理。良好的时间序列数据准备可以产生干净且有组织的数据，从而便于更实用、更准确地预测。

3.1 用于时间序列数据的 Python 库

由于出色的库支持，Python 是当前用于时间序列数据的非常重要的平台之一。如图 3.1 所示，展示了一些用于时间序列数据的 Python 库。

如图 3.1 所示，SciPy 是一个基于 Python 的开源软件生态系统，用于数学、科学和工程。它包括统计、优化、积分、线性代数、傅里叶变换、信号和图像处理、ODE 求解器等模块。可以通过以下链接找到有关 SciPy 的更多信息：

❑ 网站：scipy.org/

❏ 文档：docs.scipy.org/

❏ 源码：github.com/scipy/scipy

❏ 错误报告：github.com/scipy/scipy/issues

❏ 行为准则：scipy.github.io/devdocs/dev/conduct/code_of_conduct.html

SciPy 是为了与 NumPy 数组配合使用而构建的，提供了许多用户友好且高效的数值程序，例如用于数值积分和优化的程序。它们在所有流行的操作系统上易于使用、安装和运行。

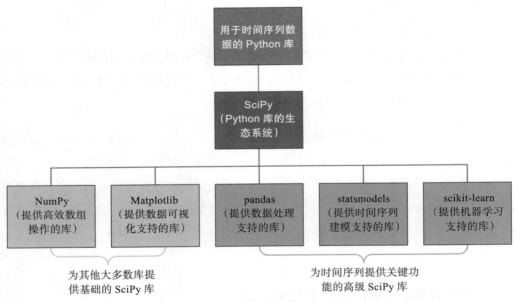

图 3.1   用于时间序列数据的 Python 库概述

NumPy 是使用 Python 进行科学计算的基本软件包。它包含以下组件：

❏ 强大的 n 维数组对象

❏ 复杂的（广播）功能

❏ 用于集成 C / C ++ 和 Fortran 代码的工具

❏ 线性代数、傅里叶变换和随机数功能

NumPy 可以用作通用数据的多维容器。这项附加功能使 NumPy 在许多不同的数据库中都能高效地运行。可以通过以下链接找到有关 NumPy 的更多信息：

- ❏ 网站：numpy.org
- ❏ 文档：docs.numpy.org/
- ❏ 源代码：github.com/numpy/numpy
- ❏ 错误报告：github.com/numpy/numpy/issues
- ❏ 贡献：numpy.org/devdocs/dev/index.html

Matplotlib 是一个基于 NumPy 数组的数据可视化库，旨在与更广泛的 SciPy 堆栈配合使用。它是一个用于绘制数据的完整库，允许数据科学家构建动态和交互式的可视化文档。而且，它允许数据科学家连接并使用大量数据以构建敏捷的可视化文档。

Matplotlib 可用于 Python 脚本、Python 和 IPython Shell、Web 应用程序服务器以及各种图形化用户界面工具箱。可以在以下链接中找到有关 Matplotlib 的更多信息：

- ❏ 网站：matplotlib.org/
- ❏ 文档：matplotlib.org/users/index.html
- ❏ 源代码：github.com/matplotlib/matplotlib
- ❏ 错误报告：github.com/matplotlib/matplotlib/issues
- ❏ 贡献：matplotlib.org/devdocs/devel/contributing.html

以下是三个更高级别的 SciPy 库，它们提供了 Python 时间序列预测的关键功能：

- ❏ pandas
- ❏ statsmodels
- ❏ scikit-learn

pandas 是基于 NumPy 软件包构建的，它是易于数据科学家使用的流行软件包，用于导入和分析数据。pandas 的数据结构主要是 DataFrame，它是具有行和命名列的数据表。pandas 提供了特定于时间序列的功能，例如日期范围生成和频率转换、移动窗口统计信息、日期移动和滞后。可以在以下链接中找到有关 pandas 的更多信息：

- ❏ 网站：pandas.pydata.org/

❑ 文档：pandas.pydata.org/docs/user_guide / index.html

❑ 源代码：github.com/pandas-dev/pandas

❑ 错误报告：github.com/pandas-dev/pandas/issues

❑ 贡献：pandas.pydata.org/docs/development/index.html

statsmodels 是一个 Python 模块，支持广泛的统计功能和使用 pandas DataFrame 的类。数据科学家还使用它进行统计测试和统计数据探索。可以在以下链接中找到有关 statsmodels 的更多信息：

❑ 网站：statsmodels.org/

❑ 文档：statsmodels.org/stable/user-guide.html

❑ 源代码：github.com/statsmodels/statsmodels

❑ 错误报告：github.com/statsmodels/statsmodels/issues

❑ 贡献：github.com/statsmodels/statsmodels/blob/master/ CONTRIBUTING.rst

scikit-learn 是主要用 Python 编写的库，它基于 NumPy、SciPy 和 Matplotlib 构建。该库为机器学习和统计建模提供了许多有用的功能，包括向量机、随机森林、k 近邻、分类、回归和聚类。可以在以下链接中找到有关 scikit-learn 的更多信息：

❑ 网站：scikit-learn.org/stable/

❑ 文档：scikit-learn.org/stable/user_guide.html

❑ 源代码：github.com/scikit-learn/scikit-learn

❑ 错误报告：github.com/scikit-learn/scikit-learn/issues

❑ 贡献：scikit-learn.org/stable/developers/contributing.html

在本章的其余部分，我们将仔细研究 NumPy、Matplotlib 和 pandas 如何帮助处理时间序列数据，而在接下来的章节中，我们将讨论如何使用 statsmodels 和 scikit-learn 进行时间序列建模和机器学习。

3.1.1　时间序列的通用数据准备工作

pandas（pandas.pydata.org）提供了多种功能来支持时间序列数据。以下主要功能对于使用 pandas 进行时间序列预测非常重要：

❏ 解析来自各种来源和格式的时间序列信息。

❏ 生成固定频率日期和时间跨度的序列。

❏ 利用时区信息处理和转换日期时间。

❏ 将时间序列重采样或转换为特定频率。

❏ 以绝对或相对时间增量执行日期和时间运算。

pandas 支持四个与时间相关的一般概念：

❏ 日期时间：带有时区支持的特定日期和时间，例如月、日、年、时、秒、微秒。

❏ 时间增量：用于操纵日期的绝对时间长度。

❏ 时间跨度：由时间点及其关联的频率定义的持续时间。

❏ 日期偏移：涉及日历计算的相对持续时间。

如表 3.1 所示，给出了四个与时间相关的具有不同特征的一般概念和主要的创建方法。

表 3.1　pandas 中支持的四个与时间相关的一般概念

概　念	标量类	数组类	数据类型	创建方法
日期时间	Timestamp	DatetimeIndex	datetime64[ns] 或 datetime64[ns, tz]	to_datetime 或 date_range
时间增量	Timedelta	TimedeltaIndex	timedelta64[ns]	to_timedelta 或 timedelta_range
时间跨度	Period	PeriodIndex	period[freq]	Period 或 period_range
日期偏移	DataOffset	None	None	DateOffset

在表 3.1 中，还有一些其他重要概念：

❏ 标量类：标量类仅是一个数值，它定义了一个向量空间。由多个标量描述的量（例如具有方向和大小的量）称为向量。

❏ 数组类：数组类是一种数据结构，其中包含固定数量的相同数据类型的值。

❑ 数据类型：数据类型是不同数据对象的标签。它表示数据集中用于理解如何存储和操作数据的值的类型。

❑ 创建方法：一组通常编写并用于对数据执行单个或一组动作的功能和操作。如果正确编写函数，则可以为 Python 代码提供更高的效率、可重复性和模块化。

在接下来的几节中，我们将讨论使用 pandas 对时间序列数据执行一些最常见的操作。

3.1.2 时间戳与周期

Python 中的 pandas 库为时间序列数据提供了全面且内置的支持。下面的示例以及本章其余部分的示例关注能源需求预测。通常，需求预测是使用历史需求数据预测未来需求（或特定产品和服务的数量）的做法，用于对未来计划做出明智的业务决策，例如规划产品库存优化战略、分配营销投资以及估算新产品和服务的成本以满足客户需求。

能源需求预测是一种需求预测，其目标是预测能源网的未来负荷（或能源需求）。对于能源行业的公司来说，这是一个关键的业务运作，因为运营商需要在电网消耗的能源与向电网提供的能源之间保持良好的平衡。通常，电网运营商可以采取短期决策来管理电网的能源供应并保持负荷的平衡。因此，对能源需求进行准确的短期预测对于运营商做出决策至关重要。此场景详细介绍了机器学习能源需求预测解决方案的制定。

让我们先了解时间戳数据的概念，这是最重要的时间序列数据类型，可帮助你将值与特定时间点相结合。这意味着数据集的每个数据点都将具有可以利用的时间信息，如下面示例代码所示：

```
# import necessary Python packages
import pandas as pd
import datetime as dt
import numpy as np

pd.Timestamp(dt.datetime(2014, 6, 1))

# or we can use
pd.Timestamp('2014-06-01')
```

```
# or we can use
pd.Timestamp(2014, 6, 1)
```

示例的结果如下：

```
Timestamp('2014-06-01 00:00:00')
```

在许多时间序列场景中，将数据集中的数据点链接到时间间隔也很有用。可以从日期时间字符串格式推断出由 Period 表示的时间间隔，如下例所示：

```
pd.Period('2014-06')
```

输出是：

```
Period('2014-06', 'M')
```

'M' 代表月。也可以显式指定 Period 表示的时间间隔：

```
pd.Period('2014-06', freq='D')
```

输出是：

```
Period('2014-06-01', 'D')
```

'D' 代表一天。Timestamp 和 Period 也可以用作索引：在这种情况下，Timestamp 和 Period 将分别自动强制转换为 DatetimeIndex 和 PeriodIndex。让我们从 Timestamp 开始，如下例所示：

```
dates = [pd.Timestamp('2014-06-01'),
         pd.Timestamp('2014-06-02'),
         pd.Timestamp('2014-06-03')]

ts_data = pd.Series(np.random.randn(3), dates)

type(ts_data.index)
```

输出是：

```
pandas.core.indexes.datetimes.DatetimeIndex
```

如果想要查看索引格式，可以运行以下示例：

```
ts_data.index
```

输出是：

```
DatetimeIndex(['2014-06-01', '2014-06-02', '2014-06-03'],
dtype='datetime64[ns]', freq=None)
```

现在看时间戳的输出：

```
ts_data
```

输出是：

```
2014-06-01    -0.28
2014-06-02     0.41
2014-06-03    -0.53
dtype: float64
```

现在用 Period 重复练习：

```
periods = [pd.Period('2014-01'), pd.Period('2014-02'), pd.Period
('2014-03')]
ts_data = pd.Series(np.random.randn(3), periods)
type(ts_data.index)
```

输出是：

```
pandas.core.indexes.period.PeriodIndex
```

如果想要查看索引格式，可以运行以下示例：

```
ts_data.index
```

输出是：

```
PeriodIndex(['2014-01', '2014-02', '2014-03'], dtype='period[M]',
freq='M')
```

现在看看时间戳的输出：

```
ts_data
```

输出是：

```
2014-01    0.43
2014-02   -0.10
2014-03   -0.04
Freq: M, dtype: float64
```

从前面的示例中可以看到，pandas 允许捕获两种表示形式并在它们之间转换。pandas 使用 Timestamp 表示时间戳，使用 DatetimeIndex 表示时间戳序列。

3.1.3　转换为时间戳

通常，数据科学家将数据集中具有日期的时间组件或列表示为 Series 或 DataFrame 的索引，以便可以对时间元素执行数据预处理和清理操作。

下面的示例显示了传递 Series 时，将返回一个 Series（具有相同的索引）：

```
pd.to_datetime(pd.Series(['Jul 31, 2012', '2012-01-10', None]))
```

输出将是

```
0    2012-07-31
1    2012-01-10
2           NaT
dtype: datetime64[ns]
```

另一方面，以下示例显示了传递类似列表时，将转换为 DatetimeIndex：

```
pd.to_datetime(['2012/11/23', '2012.12.31'])
```

输出将是

```
DatetimeIndex(['2012-11-23', '2012-12-31'], dtype='datetime64[ns]',
freq=None)
```

最后，如果使用从第一天开始的日期（即欧洲风格），则可以传递 dayfirst 标志：

```
pd.to_datetime(['04-01-2014 10:00'], dayfirst=True)
```

输出将是

```
DatetimeIndex(['2014-01-04 10:00:00'], dtype='datetime64[ns]',
freq=None)
```

dayfirst 标志也适用于多个日期，如以下示例所示：

```
pd.to_datetime(['14-01-2014', '01-14-2012'], dayfirst=True)
```

输出将是

```
DatetimeIndex(['2014-01-14', '2012-01-14'], dtype='datetime64[ns]',
freq=None)
```

3.1.4　提供格式参数

除了必需的 datetime 字符串外，还可以传递 format 参数以确保进行特定的解析并定义时间变量的结构和顺序，如以下示例所示：

```
pd.to_datetime('2018/11/12', format='%Y/%m/%d')
```

输出将是

```
Timestamp('2018-11-12 00:00:00')
```

如果还需要在日期中定义时和分，则可以按以下格式设置时间序列数据：

```
pd.to_datetime('11-11-2018 00:00', format='%d-%m-%Y %H:%M')
```

输出将是

```
Timestamp('2018-11-11 00:00:00')
```

此外，date、datetime 和 time 对象都支持 strftime（format）方法，以创建显式格式字符串控制下的表示时间的字符串。另外，datetime.strptime() 类方法从表示日期和时间的字符串以及相应的格式字符串创建 datetime 对象。

换句话说，strptime() 和 strftime() 是两种流行的方法，可将对象从字符串转换为日期时间对象，反之亦然。strptime() 可以读取包含日期和时间信息的字符串，并将其转换为 datetime 对象，strftime() 将 datetime 对象转换回字符串。

表 3.2 提供了 strftime() 和 strptime() 的比较。

表 3.2　strftime() 和 strptime() 的比较

	strftime	strptime
功能	根据给定的格式，将对象转换为字符串	将一个字符串解析为相应格式的日期时间对象
功能性方法	实例方法	类方法
支持功能的 Python 对象	date、datetime、time	datetime
功能特点	strftime(format)	strptime(date_string, format)

3.1.5　索引

pandas 有一个非常有用的数据配置和对齐方法，称为 reindex()。 这是一种非常方便的技术，特别是当数据科学家必须依靠标签对齐功能来处理数据集时。 换句话说，重新索引数据集意味着调整所有数据点，使其沿着特定轴遵循一组给定的标签。

DatetimeIndex 对象具有常规 Index 对象的基本功能，并且还提供了特定于时间序列的高级方法，用于频率处理、选择和切片，如下面的示例所示，这些方法使用了 ts_data 集。

首先，导入必要的 Python 程序包来下载数据集：

```
# import necessary Python packages to download the data set
import os
from common.utils import load_data
from common.extract_data import extract_data

# adjust the format of the data set
pd.options.display.float_format = '{:,.2f}'.format
np.set_printoptions(precision=2)
```

然后下载 ts_data 集：

```
# download ts_data set
# change the name of the directory with your folder name
data_dir = './energy'

if not os.path.exists(os.path.join(data_dir, 'energy.csv')):
    # download and move the zip file
    !wget https://mlftsfwp.blob.core.windows.net/mlftsfwp/GEFCom2014.zip
    !mv GEFCom2014.zip ./energy
    # if not done already, extract zipped data and save as csv
    extract_data(data_dir)
```

最后将 CSV 文件中的数据加载到 pandas DataFrame 中。在下面的特定示例中，仅选择并使用 ts_data 集的 load 列，并将其命名为 ts_data_load：

```
# load the data from csv into a pandas dataframe
ts_data_load = load_data(data_dir)[['load']]
ts_data_load.head()
```

DatetimeIndex 可用作包含时间序列结构的 pandas 对象的索引，如以下示例所示：

```
ts_data_load.index
```

输出将是

```
DatetimeIndex(['2012-01-01 00:00:00', '2012-01-01 01:00:00',
               '2012-01-01 02:00:00', '2012-01-01 03:00:00',
               '2012-01-01 04:00:00', '2012-01-01 05:00:00',
               '2012-01-01 06:00:00', '2012-01-01 07:00:00',
               '2012-01-01 08:00:00', '2012-01-01 09:00:00',
               ...
               '2014-12-31 14:00:00', '2014-12-31 15:00:00',
               '2014-12-31 16:00:00', '2014-12-31 17:00:00',
               '2014-12-31 18:00:00', '2014-12-31 19:00:00',
               '2014-12-31 20:00:00', '2014-12-31 21:00:00',
               '2014-12-31 22:00:00', '2014-12-31 23:00:00'],
              dtype='datetime64[ns]', length=26304, freq='H')
```

现在对 ts_data 集进行切片来仅访问时间序列的特定部分：

```
ts_data_load[:5].index
```

和

```
ts_data_load[::2].index
```

输出将分别是

```
DatetimeIndex(['2012-01-01 00:00:00', '2012-01-01 01:00:00',
               '2012-01-01 02:00:00', '2012-01-01 03:00:00',
               '2012-01-01 04:00:00'],
              dtype='datetime64[ns]', freq='H')
```

和

```
DatetimeIndex(['2012-01-01 00:00:00', '2012-01-01 02:00:00',
               '2012-01-01 04:00:00', '2012-01-01 06:00:00',
               '2012-01-01 08:00:00', '2012-01-01 10:00:00',
               '2012-01-01 12:00:00', '2012-01-01 14:00:00',
               '2012-01-01 16:00:00', '2012-01-01 18:00:00',
               ...
               '2014-12-31 04:00:00', '2014-12-31 06:00:00',
               '2014-12-31 08:00:00', '2014-12-31 10:00:00',
               '2014-12-31 12:00:00', '2014-12-31 14:00:00',
               '2014-12-31 16:00:00', '2014-12-31 18:00:00',
               '2014-12-31 20:00:00', '2014-12-31 22:00:00'],
              dtype='datetime64[ns]', length=13152, freq='2H')
```

为了方便访问较长时间序列，还可以将年份或年份和月份作为字符串传递：

```
ts_data_load['2011-6-01']
```

输出将是

```
load
2012-06-01 00:00:00      2,474.00
2012-06-01 01:00:00      2,349.00
2012-06-01 02:00:00      2,291.00
2012-06-01 03:00:00      2,281.00
2012-06-01 04:00:00      2,343.00
2012-06-01 05:00:00      2,518.00
2012-06-01 06:00:00      2,934.00
2012-06-01 07:00:00      3,235.00
2012-06-01 08:00:00      3,348.00
2012-06-01 09:00:00      3,405.00
2012-06-01 10:00:00      3,459.00
```

```
2012-06-01 11:00:00        3,479.00
2012-06-01 12:00:00        3,478.00
2012-06-01 13:00:00        3,495.00
2012-06-01 14:00:00        3,473.00
2012-06-01 15:00:00        3,439.00
2012-06-01 16:00:00        3,404.00
2012-06-01 17:00:00        3,337.00
2012-06-01 18:00:00        3,291.00
2012-06-01 19:00:00        3,261.00
2012-06-01 20:00:00        3,309.00
2012-06-01 21:00:00        3,197.00
2012-06-01 22:00:00        2,916.00
2012-06-01 23:00:00        2,619.00
```

以下示例指定了一个停止时间，其中包括 ts_data 集中最后一天的所有时间：

```
ts_data_load['2012-1':'2012-2-28']
```

输出将是

```
load
2012-01-01 00:00:00        2,698.00
2012-01-01 01:00:00        2,558.00
2012-01-01 02:00:00        2,444.00
2012-01-01 03:00:00        2,402.00
2012-01-01 04:00:00        2,403.00
2012-01-01 05:00:00        2,453.00
2012-01-01 06:00:00        2,560.00
2012-01-01 07:00:00        2,719.00
2012-01-01 08:00:00        2,916.00
2012-01-01 09:00:00        3,105.00
2012-01-01 10:00:00        3,174.00
2012-01-01 11:00:00        3,180.00
2012-01-01 12:00:00        3,184.00
2012-01-01 13:00:00        3,147.00
2012-01-01 14:00:00        3,122.00
2012-01-01 15:00:00        3,137.00
2012-01-01 16:00:00        3,486.00
2012-01-01 17:00:00        3,717.00
2012-01-01 18:00:00        3,659.00
2012-01-01 19:00:00        3,513.00
2012-01-01 20:00:00        3,344.00
2012-01-01 21:00:00        3,129.00
2012-01-01 22:00:00        2,873.00
2012-01-01 23:00:00        2,639.00
2012-01-02 00:00:00        2,458.00
```

```
2012-01-02 01:00:00      2,354.00
2012-01-02 02:00:00      2,294.00
2012-01-02 03:00:00      2,288.00
2012-01-02 04:00:00      2,353.00
2012-01-02 05:00:00      2,503.00
...          ...
2012-02-27 18:00:00      3,966.00
2012-02-27 19:00:00      3,845.00
2012-02-27 20:00:00      3,626.00
2012-02-27 21:00:00      3,355.00
2012-02-27 22:00:00      3,070.00
2012-02-27 23:00:00      2,837.00
2012-02-28 00:00:00      2,681.00
2012-02-28 01:00:00      2,584.00
2012-02-28 02:00:00      2,539.00
2012-02-28 03:00:00      2,535.00
2012-02-28 04:00:00      2,626.00
2012-02-28 05:00:00      2,916.00
2012-02-28 06:00:00      3,316.00
2012-02-28 07:00:00      3,524.00
2012-02-28 08:00:00      3,594.00
2012-02-28 09:00:00      3,615.00
2012-02-28 10:00:00      3,600.00
2012-02-28 11:00:00      3,579.00
2012-02-28 12:00:00      3,506.00
2012-02-28 13:00:00      3,478.00
2012-02-28 14:00:00      3,429.00
2012-02-28 15:00:00      3,406.00
2012-02-28 16:00:00      3,477.00
2012-02-28 17:00:00      3,742.00
2012-02-28 18:00:00      3,927.00
2012-02-28 19:00:00      3,858.00
2012-02-28 20:00:00      3,687.00
2012-02-28 21:00:00      3,420.00
2012-02-28 22:00:00      3,122.00
2012-02-28 23:00:00      2,875.00
1416 rows × 1 columns
```

以下示例指定了确切的停止时间：

```
ts_data_load['2012-1':'2012-1-2 00:00:00']
```

输出将是

```
load
2012-01-01 00:00:00      2,698.00
```

```
2012-01-01 01:00:00        2,558.00
2012-01-01 02:00:00        2,444.00
2012-01-01 03:00:00        2,402.00
2012-01-01 04:00:00        2,403.00
2012-01-01 05:00:00        2,453.00
2012-01-01 06:00:00        2,560.00
2012-01-01 07:00:00        2,719.00
2012-01-01 08:00:00        2,916.00
2012-01-01 09:00:00        3,105.00
2012-01-01 10:00:00        3,174.00
2012-01-01 11:00:00        3,180.00
2012-01-01 12:00:00        3,184.00
2012-01-01 13:00:00        3,147.00
2012-01-01 14:00:00        3,122.00
2012-01-01 15:00:00        3,137.00
2012-01-01 16:00:00        3,486.00
2012-01-01 17:00:00        3,717.00
2012-01-01 18:00:00        3,659.00
2012-01-01 19:00:00        3,513.00
2012-01-01 20:00:00        3,344.00
2012-01-01 21:00:00        3,129.00
2012-01-01 22:00:00        2,873.00
2012-01-01 23:00:00        2,639.00
2012-01-02 00:00:00        2,458.00
```

时间序列数据集还可以使用另一个函数——truncate() 该函数类似于切片。 与切片相比，truncate 函数假定 DatetimeIndex 中任何未指定的日期组件的值为 0，而切片则返回任何部分匹配的日期：

```
ts_data_load.truncate(before='2013-11-01', after='2013-11-02')
```

输出将是

```
                           load
2013-11-01 00:00:00        2,506.00
2013-11-01 01:00:00        2,419.00
2013-11-01 02:00:00        2,369.00
2013-11-01 03:00:00        2,349.00
2013-11-01 04:00:00        2,425.00
2013-11-01 05:00:00        2,671.00
2013-11-01 06:00:00        3,143.00
2013-11-01 07:00:00        3,438.00
2013-11-01 08:00:00        3,486.00
2013-11-01 09:00:00        3,541.00
2013-11-01 10:00:00        3,591.00
```

```
2013-11-01 11:00:00        3,585.00
2013-11-01 12:00:00        3,532.00
2013-11-01 13:00:00        3,491.00
2013-11-01 14:00:00        3,430.00
2013-11-01 15:00:00        3,358.00
2013-11-01 16:00:00        3,347.00
2013-11-01 17:00:00        3,478.00
2013-11-01 18:00:00        3,636.00
2013-11-01 19:00:00        3,501.00
2013-11-01 20:00:00        3,345.00
2013-11-01 21:00:00        3,131.00
2013-11-01 22:00:00        2,883.00
2013-11-01 23:00:00        2,626.00
2013-11-02 00:00:00        2,447.00
```

3.1.6　时间 / 日期组件

最后，在处理时间序列数据时，记住可以从 Timestamp 或 DatetimeIndex 访问的所有日期和时间属性很重要。表 3.3 汇总了这些内容。

表 3.3　来自 Timestamp 和 DatetimeIndex 的日期和时间属性

属　性	描　述
year	日期时间中的年份
month	日期时间中的月份
day	日期时间中的天数
hour	日期时间中的时
minute	日期时间中的分
second	日期时间中的秒
microsecond	日期时间中的微秒
nanosecond	日期时间中的纳秒
date	返回 datetime.date 类（不包含时区信息）
time	返回 datetime.time 类（不包含时区信息）
timetz	返回 datetime.time 类（以时区信息作为本地时间）
dayofyear	年的日期序数
weekofyear	年的星期序数

（续）

属　性	描　述
week	年的星期序数
dayofweek	周中的日数，周一为 0，周日为 6
weekday	周中的日数，周一为 0，周日为 6
quarter	日期的季度：1 ~ 3 月 =1 季度，4 ~ 6 月 =2 季度，等等
days_in_month	日期时间的月份天数
is_month_start	逻辑上表示是否为每月的第一天（由频率定义）
is_month_end	逻辑上表示是否为每月的最后一天（由频率定义）
is_quarter_start	逻辑上表示是否为季度的第一天（由频率定义）
is_quarter_end	逻辑上表示是否为季度的最后一天（由频率定义）
is_year_start	逻辑上表示是否为一年中的第一天（由频率定义）
is_year_end	逻辑上表示是否为一年中的最后一天（由频率定义）
is_leap_year	逻辑上表示日期是否属于闰年

3.1.7　频率转换

在以下示例中，使用 ts_data 集中的所有变量（包括 load 和 temp 变量）来了解数据科学家如何将频率转换应用于时间序列数据。

首先，加载 ts_data 集并可视化两个变量的前 10 行：

```
ts_data = load_data(data_dir)
ts_data.head(10)
```

输出将是

```
                       load       temp
2012-01-01 00:00:00    2,698.00   32.00
2012-01-01 01:00:00    2,558.00   32.67
2012-01-01 02:00:00    2,444.00   30.00
2012-01-01 03:00:00    2,402.00   31.00
2012-01-01 04:00:00    2,403.00   32.00
```

```
2012-01-01 05:00:00        2,453.00        31.33
2012-01-01 06:00:00        2,560.00        30.00
2012-01-01 07:00:00        2,719.00        29.00
2012-01-01 08:00:00        2,916.00        29.00
2012-01-01 09:00:00        3,105.00        33.33
```

频率转换的主要函数是 asfreq() 方法。此方法将时间序列转换为指定的频率，并可选地提供填充方法以填充 / 回填缺失值。对于 DatetimeIndex，基本上只是 reindex() 的一个小而方便的包装器，它生成 data_range 并调用 reindex，如以下示例所示：

```
daily_ts_data = ts_data.asfreq(pd.offsets.BDay())
daily_ts_data.head(5)
```

运行此示例将打印转换后的 ts_data_daily 集的前五行：

```
              load          temp
2012-01-02    2,458.00      43.67
2012-01-03    2,780.00      26.33
2012-01-04    3,184.00      6.00
2012-01-05    3,014.00      22.33
2012-01-06    2,992.00      17.00
```

asfreq 函数可选地提供填充方法来填充 / 回填缺失的值。它以指定的频率返回符合新索引的原始数据，如下所示：

```
daily_ts_data.asfreq(pd.offsets.BDay(), method='pad')
daily_ts_data.head(5)
```

运行此示例将使用 pad 方法打印转换后的 daily_ts_data 数据集的前五行：

```
              load          temp
2012-01-02    2,458.00      43.67
2012-01-03    2,780.00      26.33
2012-01-04    3,184.00      6.00
2012-01-05    3,014.00      22.33
2012-01-06    2,992.00      17.00
```

有关 pandas 对时间序列的支持的更多信息，请访问网站 pandas.pydata.org/docs/user_guide/timeseries.html。

接下来将讨论如何探索和分析时间序列数据集，以及如何预处理和执行特征工程以丰富时间序列数据集。

3.2   探索与理解时间序列

本节将学习探索、分析和理解时间序列数据的第一步。我们将重点关注以下主题：

- ❑ 如何开始时间序列数据分析？
- ❑ 如何计算和查看时间序列数据的摘要统计信息？
- ❑ 如何执行时间序列中缺失时段的数据清理？
- ❑ 如何执行时间序列数据的标准化和归一化？

3.2.1   如何开始时间序列数据分析

正如在 3.1 节中所看到的，pandas 已被证明是用作处理时间序列数据的非常有效的工具：pandas 具有一些内置的 datetime 函数，这些函数使处理时间序列数据变得简单，因为在这类数据集中，时间是数据科学家用来获得有用见解的最重要的变量和维度。

现在来看 ts_data 集，以了解使用 head() 函数获得的数据类型。 此函数返回时间序列数据集的前 n 行，对于快速获取数据集中的数据类型及结构很有帮助：

```
ts_data.head(10)
```

如下所示，数据集已分为三列：每小时时间戳列、负荷列和温度列。

```
                         load       temp
2012-01-01 00:00:00      2,698.0    32.0
2012-01-01 01:00:00      2,558.0    32.7
2012-01-01 02:00:00      2,444.0    30.0
2012-01-01 03:00:00      2,402.0    31.0
2012-01-01 04:00:00      2,403.0    32.0
2012-01-01 05:00:00      2,453.0    31.3
2012-01-01 06:00:00      2,560.0    30.0
2012-01-01 07:00:00      2,719.0    29.0
2012-01-01 08:00:00      2,916.0    29.0
2012-01-01 09:00:00      3,105.0    33.3
```

其次，重要的是要获得时间序列数据集的摘要，以防行中包含空值。可以通过在Python 中使用 isna() 函数来完成操作。此函数采用标量或类似数组的对象，并指示是否缺失值，如以下示例所示：

```
ts_data.isna().sum()
```

输出将是

```
load    0
temp    0
dtype: int64
```

如我们所见，数据集中没有空值。下一步是了解变量的格式，pandas 的 .dtypes 方法可以完成此操作，因为它返回一系列具有每列数据类型的数据：

```
ts_data.dtypes
```

输出将是

```
load    float64
temp    float64
dtype: object
```

我们可以看到 load 和 temp 列均为 float64，这是一个占用 64 位存储空间的浮点数。浮点数表示实数，并用小数点分开整数和小数部分。

下一步需要计算和查看时间序列数据集的一些摘要统计信息：摘要统计信息通过描述关键特征（例如均值、分布、潜在相关性或依赖性）来总结大量数据。计算有关时间序列的描述性统计信息有助于了解值的分布。这可能对数据扩展甚至数据清理有所帮助，以后可以作为准备数据集进行建模的一部分。

在 pandas 中，描述性统计信息包括一些有用的指标，这些指标可以概括数据集分布的集中趋势、离散度和形状，但不包括 NaN 值。describe() 函数创建加载时间序列的摘要，包括均值、标准差、中位数、最小值和最大值：

```
ts_data.describe()
```

输出将是

```
        load        temp
count  26,304.00    26,304.00
mean    3,303.77       47.77
std       564.58       19.34
min     1,979.00      -13.67
25%     2,867.00       32.67
50%     3,364.00       48.33
75%     3,690.00       63.67
max     5,224.00       95.00
```

对于数值数据，结果索引由计数、均值、标准差、最小值和最大值以及低百分位数、第 50 百分位数和高百分位数组成。默认情况下，低百分位数为 25，高百分位数为 75。第 50 百分位数和中位数是一样的。

对于对象数据（例如字符串或时间戳），结果索引显示了 count、unique、top 和 freq。数据科学家需要记住，top 并不代表最普遍的值。freq 代表最常用的值。其他重要信息包括时间戳，例如第一项和最后一项。如果多个对象值具有最高计数（count），则将从具有最高计数的对象中任意选择 count 和 top 结果。

最后，对于 DataFrame 中显示的混合数据类型，默认选项是仅返回数值列的结果。如果 DataFrame 仅包含对象和分类数据而没有任何数值列，则默认选项是显示对象和分类列的概述。如果将 include = all 作为选项，则最终结果将包含每种类型的属性的概述。

正如在第 1 章中所了解的那样，时间序列通常包含与时间相关的特定信息和特征，例如：

❑ 趋势：此特征描述了长时间（而非季节性或周期性）的时间序列值相对于较高或较低值的可见变化。

❑ 季节性：此特征描述了固定时间段内时间序列中的重复性和持久性模式。

❑ 周期性：此特征描述了时间序列数据中向上与向下变化的重复性和持续性模式，但没有显示固定的模式。

❑ 噪声：此特征描述了时间序列数据中的不规则值，因为没有重复性和持久性的模式。

通过使用具有 tsa（时间序列分析）包的 Python 模块 statsmodels 以及 seasonal_decompose() 函数，我们可以可视化组件的成分并从时间序列数据中获得更多见解。

statsmodels.tsa 软件包包含有助于处理时间序列数据的模型类和功能。一些模型示例是单变量自回归（AR）模型、向量自回归（VAR）模型和自回归移动平均（ARMA）模型。非线性模型的一些示例是马尔可夫切换动态回归和自回归。

statsmodels.tsa 软件包还包含时间序列的描述性统计信息，例如自相关、部分自相关函数和周期图。它还提供了使用自回归和移动平均滞后多项式的技术（statsmodels.org/devel/tsa.html）。

使用 statsmodels 和 seasonal_decompose() 函数来提取并可视化 ts_data 集组件，仅用于目标变量 load。首先导入所有必需的软件包：

```
# import necessary Python packages
import statsmodels.api as sm
import warnings
import matplotlib
import matplotlib.pyplot as plt
import matplotlib.dates as mdates

%matplotlib inline

warnings.filterwarnings("ignore")
```

出于实际原因，仅可视化负荷数据集的一部分：

```
ts_data_load = ts_data['load']
decomposition = sm.tsa.seasonal_decompose
(load['2012-07-01':'2012-12-31'], model = 'additive')

fig = decomposition.plot()
matplotlib.rcParams['figure.figsize'] = [10.0, 6.0]
```

输出如图 3.2 所示。

图 3.2 清晰地表明季节变化遵循规则的模式，而趋势遵循不规则的模式。为了进一步研究时间序列中的趋势，可以将趋势与观测到的时间序列一起绘制。

为此，使用 Matplotlib 的 .YearLocator() 函数，该函数可在每年的给定日期（即基数的倍数）被激发。对于该图，每年将从 1 月（month = 1）开始，将月份设置为显示每三个月（intervals = 3）的变化的小定位器。然后，对数据集以 DataFrame 的索引作为 x 轴、以负荷变量作为 y 轴进行绘图。对趋势观测执行相同的步骤。

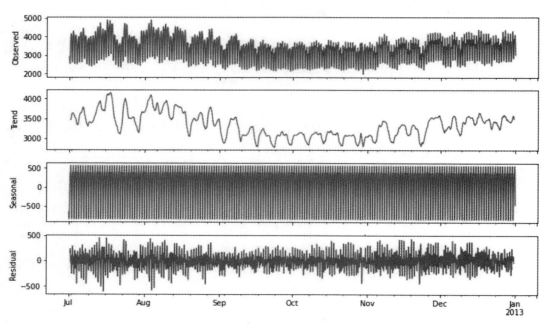

图 3.2　负荷数据集的时间序列分解图（时间范围：2012-07-01 至 2012-12-31）

```
decomposition = sm.tsa.seasonal_decompose(load, model = 'additive')

fig, ax = plt.subplots()
ax.grid(True)

year = mdates.YearLocator(month=1)
month = mdates.MonthLocator(interval=1)

year_format = mdates.DateFormatter('%Y')
month_format = mdates.DateFormatter('%m')

ax.xaxis.set_minor_locator(month)
```

```
ax.xaxis.grid(True, which = 'minor')
ax.xaxis.set_major_locator(year)
ax.xaxis.set_major_formatter(year_format)

plt.plot(load.index, load, c='blue')
plt.plot(decomposition.trend.index, decomposition.trend, c='white')
```

输出如图 3.3 所示。

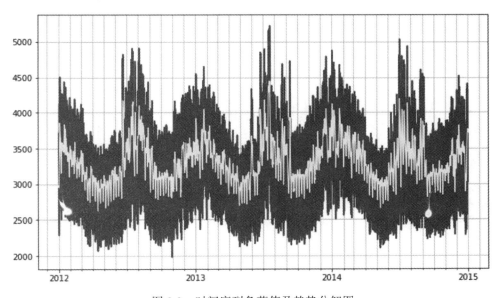

图 3.3　时间序列负荷值及趋势分解图

现在，我们对数据集有了更好的了解，下面学习清理数据和插入缺失值的不同技术。

3.2.2　时间序列中缺失值的数据清理

在获得任何有意义的结果之前，处理时间序列数据涉及清理、缩放甚至深层预处理操作。接下来将讨论一些准备时间序列数据的常用技术。

缺失值在时间序列中由时间戳变量或其他值中的序列间隙表示。缺失值可能会由于多种原因而在时间序列中出现，包括记录失败或者由于数据源级别或数据管道中的问题而导致的记录不准确。

为了确定这些时间戳间隙，首先创建一个时间序列中预期出现的时间段索引。如果再次查看 ts_data 集，可以通过在两个最接近的非缺失值之间插值来填充缺失值。dataframe.interpolate() 函数用于填充 DataFrame 或序列中的 NA 值：它是一个填充缺失值非常有效的函数。但是，对于 DataFrame 和具有多重索引的序列，仅支持 method = 'linear'。

在下面的示例中，使用二次函数并将极限设置为 8。该极限意味着如果连续出现 8 个以上的缺失值，则不会对缺失值进行插值，它们仍会缺失。这是为了避免在很远的时间段之间进行虚假插值。此外，设置 limit_direction = 'both'：插值的极限方向可以设置为 'forward'、'backward' 或 'both'，默认值为 'forward'。

```
ts_data_load.interpolate(limit = 8, method ='linear', limit_direction
='both')
```

输出是

```
2012-01-01 00:00:00    2,698.00
2012-01-01 01:00:00    2,558.00
2012-01-01 02:00:00    2,444.00
2012-01-01 03:00:00    2,402.00
2012-01-01 04:00:00    2,403.00
2012-01-01 05:00:00    2,453.00
2012-01-01 06:00:00    2,560.00
2012-01-01 07:00:00    2,719.00
2012-01-01 08:00:00    2,916.00
2012-01-01 09:00:00    3,105.00
2012-01-01 10:00:00    3,174.00
2012-01-01 11:00:00    3,180.00
2012-01-01 12:00:00    3,184.00
2012-01-01 13:00:00    3,147.00
2012-01-01 14:00:00    3,122.00
2012-01-01 15:00:00    3,137.00
2012-01-01 16:00:00    3,486.00
2012-01-01 17:00:00    3,717.00
2012-01-01 18:00:00    3,659.00
2012-01-01 19:00:00    3,513.00
2012-01-01 20:00:00    3,344.00
2012-01-01 21:00:00    3,129.00
2012-01-01 22:00:00    2,873.00
2012-01-01 23:00:00    2,639.00
2012-01-02 00:00:00    2,458.00
2012-01-02 01:00:00    2,354.00
```

```
2012-01-02 02:00:00    2,294.00
2012-01-02 03:00:00    2,288.00
2012-01-02 04:00:00    2,353.00
2012-01-02 05:00:00    2,503.00
                         ...
2014-12-30 18:00:00    4,374.00
2014-12-30 19:00:00    4,270.00
2014-12-30 20:00:00    4,140.00
2014-12-30 21:00:00    3,895.00
2014-12-30 22:00:00    3,571.00
2014-12-30 23:00:00    3,313.00
2014-12-31 00:00:00    3,149.00
2014-12-31 01:00:00    3,055.00
2014-12-31 02:00:00    3,014.00
2014-12-31 03:00:00    3,025.00
2014-12-31 04:00:00    3,115.00
2014-12-31 05:00:00    3,337.00
2014-12-31 06:00:00    3,660.00
2014-12-31 07:00:00    3,906.00
2014-12-31 08:00:00    4,043.00
2014-12-31 09:00:00    4,077.00
2014-12-31 10:00:00    4,073.00
2014-12-31 11:00:00    4,030.00
2014-12-31 12:00:00    3,982.00
2014-12-31 13:00:00    3,933.00
2014-12-31 14:00:00    3,893.00
2014-12-31 15:00:00    3,912.00
2014-12-31 16:00:00    4,141.00
2014-12-31 17:00:00    4,319.00
2014-12-31 18:00:00    4,199.00
2014-12-31 19:00:00    4,012.00
2014-12-31 20:00:00    3,856.00
2014-12-31 21:00:00    3,671.00
2014-12-31 22:00:00    3,499.00
2014-12-31 23:00:00    3,345.00
Freq: H, Name: load, Length: 26304, dtype: float64
```

在下一个示例中，利用 scipy.stats 包将缺失的温度值填充为公共值 0。许多有用的统计功能位于子软件包 scipy.stats 中。（可以使用 info（stats）查看此功能的完整列表，还可以在 docs.scipy.org/doc/scipy/reference/tutorial/stats.html 中找到其他信息和指南。）

```
from scipy import stats
temp_mode = np.asscalar(stats.mode(ts_data['temp']).mode)
ts_data['temp'] = ts_data['temp'].fillna(temp_mode)
ts_data.isnull().sum()
```

输出是

```
load    0
temp    0
dtype: int64
```

从结果中可以看出，缺失值的数量已经减少，但是还没有完全消除。如果仍然有记录包含数据集中的剩余缺失值，则可以在创建模型特征之后将其删除。我们将在3.2.3中学习如何归一化和标准化时间序列数据。

3.2.3 归一化和标准化时间序列数据

归一化是从原始比例重新缩放数据的过程，它使所有值都在0到1的范围内，归一化还涉及估算数据集中的最小和最大可用值。当时间序列数据的输入值和特征具有不同的度量与维数时，归一化可能非常有用，甚至在某些机器学习算法中也是必需的。

对于使用距离估计、线性回归以及处理输入值权重校准的神经网络的机器学习算法（例如k近邻），必须进行归一化。但是，如果时间序列呈现出明显的趋势，估计这些期望值可能会很困难，归一化可能就不是解决问题的最佳方法。

可以使用scikit-learn的MinMaxScaler对象sklearn.preprocessing.MinMaxScaler归一化数据集。此估算器会分别转换每个特征，使其处于给定范围内，例如0到1的范围内（www.scikit-learn.org/stable/modules/generated/sklearn.preprocessing.MinMaxScaler.html）。

这种转换也可以颠倒过来，因为有时对于数据科学家来说，将预测转换回原始比例对报告或作图很有用。这可以通过调用inverse_transform()函数来完成。以下是归一化ts_data集的示例：缩放要求数据以行和列的矩阵形式提供。负荷数据为pandas DataFrame类型。然后必须将其重塑为一列的矩阵：

```
from pandas import Series
from sklearn.preprocessing import MinMaxScaler

# prepare data for normalization
```

```
values = load.values
values = values.reshape((len(values), 1))

# train the normalization
scaler = MinMaxScaler(feature_range=(0, 1))
scaler = scaler.fit(values)
print('Min: %f, Max: %f' % (scaler.data_min_, scaler.data_max_))
```

输出是

```
Min: 1979.000000, Max: 5224.000000
```

然后将经过重塑的数据集用于缩放器，对数据集进行归一化，然后对归一化变换进行反转以再次显示原始值：

```
# normalize the data set and print the first 5 rows
normalized = scaler.transform(values)
for i in range(5):
    print(normalized[i])

# inverse transform and print the first 5 rows
inversed = scaler.inverse_transform(normalized)
for i in range(5):
    print(inversed[i])
```

输出是

```
[0.22]
[0.18]
[0.14]
[0.13]
[0.13]
[2698.]
[2558.]
[2444.]
[2402.]
[2403.]
```

运行示例将打印已加载数据集中的前五行，并以归一化形式显示相同的五个值，然后使用逆变换功能将这些值恢复为原始比例。 还有另一种重缩放——标准化，它对超出期望值范围之外的新值更健壮。

标准化数据集涉及重新缩放值的分布，以使观测值的均值为 0，标准差为 1。此过程意味着减去均值或将数据居中。像归一化一样，当时间序列数据具有不同维度的输入值时，标准化很有帮助，甚至在某些机器学习算法中也是必需的。标准化假设观测结果符合高斯分布（钟形曲线），且均值和标准差表现良好。这包括支持向量机、线性和逻辑回归等算法，以及采用已改善高斯数据性能的其他算法。

为了标准化数据集，数据科学家需要准确估计其数据中值的均值和标准差，可以使用 scikit-learn 的 StandardScaler 对象 sklearn.preprocessing.StandardScaler 来标准化数据集。此功能通过删除均值并缩放到单位方差来实现标准化。通过计算训练集中样本的相关统计信息对每个特征进行独立居中和缩放。然后利用 transform（scikit-learn.org/stable/modules/generated/sklearn.preprocessing.StandardScaler.html）存储均值和标准差。

以下是标准化负荷数据集的示例：

```
# Standardize time series data
from sklearn.preprocessing import StandardScaler
from math import sqrt

# prepare data for standardization
values = load.values
values = values.reshape((len(values), 1))

# train the standardization
scaler = StandardScaler()
scaler = scaler.fit(values)
print('Mean: %f, StandardDeviation: %f' % (scaler.mean_, sqrt(scaler.
var_)))
```

输出是

```
Mean: 3303.769199, StandardDeviation: 564.568521

# standardization the data set and print the first 5 rows
normalized = scaler.transform(values)
for i in range(5):
    print(normalized[i])

# inverse transform and print the first 5 rows
inversed = scaler.inverse_transform(normalized)
for i in range(5):
        print(inversed[i])
```

输出将是

```
[-1.07]
[-1.32]
[-1.52]
[-1.6]
[-1.6]
[2698.]
[2558.]
[2444.]
[2402.]
[2403.]
```

运行示例将打印数据集的前五行，打印相同的标准化值，然后以原始比例打印原始值。

在下一节中，将学习如何使用 Python 对时间序列数据执行特征工程，以及如何使用机器学习算法对时间序列问题建模。

3.3　时间序列特征工程

如第 1 章所述，在开始使用机器学习算法之前，需要将时间序列数据重新构建为监督学习数据集。在人工智能和机器学习领域，监督学习定义为数据科学家需要将输入和输出数据同时提供给机器学习算法的一种方法。

下一步，监督学习算法（例如，用于回归问题的线性回归、用于分类和回归问题的随机森林、用于分类问题的支持向量机）考察训练集并产生数学函数，该函数可以用于推断新的例子和预测。

在时间序列中，数据科学家必须通过确定他们需要在将来的日期进行预测的变量（例如，下周一的未来销售数量）来构建模型的输出，然后利用历史数据和特征工程来创建输入变量，用于对未来日期进行预测。

特征工程主要有两个目标：

❑ 创建正确的输入数据集以供机器学习算法使用：在这种情况下，特征工程的目的是根据历史和行数据创建输入特征，并将数据集构建为监督学习问题。

❏ 提高机器学习模型的性能：特征工程的另一个重要目标是在输入特征与要预测
的输出特征或目标变量之间生成有效关系。这样，可以提高机器学习模型的
性能。

我们将介绍四种不同的时间特征，这些特征在时间序列场景中非常有用：

❏ 日期时间特征
❏ 滞后特征和窗口特征
❏ 滚动窗口统计信息
❏ 扩展窗口统计信息

在接下来的几小节中，我们将更详细地讨论这些时间特征，并用实例解释它们。

3.3.1　日期时间特征

日期时间特征是根据每个观测的时间戳值创建的特征。这些特征的几个示例是每个
观测的整数小时、月、一周的每一天。数据科学家可以使用 pandas 进行日期时间转换，
并在原始数据集中添加新的列（小时、月和一周的每一天列），从每次观测的时间戳值中
提取小时、月和一周的每一天信息。

以下是一些使用 ts_data 集执行此操作的 Python 代码示例：

```
ts_data['hour'] = [ts_data.index[i].hour for i in range(len(ts_data))]
ts_data['month'] = [ts_data.index[i].month for i in range(len(ts_data))]
ts_data['dayofweek'] = [ts_data.index[i].day for i in range(len(ts_
data))]
print(ts_data.head(5))
```

运行此示例将打印转换后的数据集的前五行：

```
                       load      temp      hour    month    dayofweek
2012-01-01 00:00:00  2,698.00  32.00      0       1        1
2012-01-01 01:00:00  2,558.00  32.67      1       1        1
```

```
2012-01-01 02:00:00 2,444.00 30.00        2        1         1
2012-01-01 03:00:00 2,402.00 31.00        3        1         1
2012-01-01 04:00:00 2,403.00 32.00        4        1         1
```

通过利用这些额外的信息（例如小时、月和一周的每一天值），数据科学家可以获取有关其数据以及输入特征与输出特征之间关系的更多见解，最终为时间序列预测解决方案构建更好的模型。以下是一些可以构建并生成其他重要信息的特征示例：

❑ 是否是周末

❑ 一天中的分钟

❑ 是否是夏时制

❑ 是否有公共假期

❑ 一年中的季度

❑ 一天中的小时

❑ 营业时间之前或之后

❑ 一年中的季节

从上面的示例可以看到，日期时间特征不仅仅限于整数值。数据科学家还可以构建二进制特征，例如：如果时间戳信息在营业时间之前，则其值等于1；如果时间戳信息在营业时间之后，则其值等于0。最后，在处理时间序列数据时，要记住可以从Timestamp或DatetimeIndex访问的所有日期和时间属性（表3.2汇总了所有的相关内容）。

日期时间特征是数据科学家从时间序列数据开始特征工程的一种非常有用的方法。在下一小节中，将介绍另一种为数据集构建输入特征的方法：滞后特征和窗口特征。为了构建这些特征，数据科学家需要利用和提取先前或未来时期的系列值。

3.3.2 滞后特征和窗口特征

滞后特征在以前的时间步中被认为是有用的值，因为它们是基于过去发生的事情会影响或包含有关未来的内在信息的假设而创建的。例如，如果想预测下午4:00的类似销量，生成前一天下午4:00的销量特征是有帮助的。

滞后特征的一个有趣类别称为嵌套滞后特征。为了创建嵌套滞后特征，数据科学家需要确定过去的固定时间段，并按该时间段对特征值进行分组，例如，前两个小时、前三天和前一周出售的商品数量。

pandas 库提供了 shift() 函数，以帮助从时间序列数据集中创建移位或滞后特征。此函数以可选的时间频率将索引移位所需的周期数。shift 方法接受 freq 参数，该参数可以接受 DateOffset 类或类似 timedelta 的对象，也可以接受偏移别名。偏移别名是数据科学家在处理时间序列数据时可以利用的一个重要概念，因为它表示为常用时间序列频率提供的字符串别名的数量，如表 3.4 所示。

表 3.4　Python 中支持的偏移别名

偏移识别码	描　　述
B	工作日频率
C	自定义工作日频率
D	日历日频率
W	每周频率
M	月末频率
SM	半月末频率（15 日和月底）
BM	业务月末频率
CBM	自定义业务月末频率
MS	月开始频率
SMS	半月开始频率（1 日和 15 日）
BMS	业务月开始频率
CBMS	自定义业务月开始频率
Q	季度末频率
BQ	业务季度末频率
QS	季度开始频率
BQS	业务季度开始频率
A,Y	年末频率

（续）

偏移识别码	描　述
BA,BY	业务年末频率
AS,YS	年开始频率
BAS,BYS	业务年开始频率
BH	业务小时频率
H	小时频率
T,min	分钟频率
S	秒频率
L,ms	毫秒
U,us	微秒
N	纳秒

以下是有关如何在 ts_data 集上使用偏移别名的示例：

```
ts_data_shift = ts_data.shift(4, freq=pd.offsets.BDay())
ts_data_shift.head(5)
```

运行此示例将打印转换后的 ts_data_shift 数据集的前五行：

```
                      load        temp
2012-01-05 00:00:00   2,698.00    32.00
2012-01-05 01:00:00   2,558.00    32.67
2012-01-05 02:00:00   2,444.00    30.00
2012-01-05 03:00:00   2,402.00    31.00
2012-01-05 04:00:00   2,403.00    32.00
```

除了修改数据和索引的对齐方式之外，DataFrame 和 Series 对象还具有 tshift() 方法，该方法使用索引的频率（如果有）将索引中的所有日期按指定的偏移量更改，如下面的例子：

```
ts_data_shift_2 = ts_data.tshift(6, freq='D')
ts_data_shift_2.head(5)
```

运行此示例将打印转换后的 ts_data_ shift_2 数据集的前五行：

```
                               load        temp
2012-01-07 00:00:00           2,698.00      32.00
2012-01-07 01:00:00           2,558.00      32.67
2012-01-07 02:00:00           2,444.00      30.00
2012-01-07 03:00:00           2,402.00      31.00
2012-01-07 04:00:00           2,403.00      32.00
```

请注意，使用 tshift 时，首项为 NaN 值，因为没有重新对齐数据。 如果未传递频率值，则它将移动索引而不重新对齐数据。 如果传递了频率值（在这种情况下，索引必须是日期或日期时间，否则将引发 NotImplementedError），则索引将使用周期和频率值来增加。

将数据集移动 1 会创建一个新的"t"列，并为第一行添加一个 NaN（未知）值。没有移位的时间序列数据集表示"t + 1"。让我们用一个例子来具体说明。可以使用 ts_data 数据集计算滞后负荷特征，如下所示：

```
def generated_lagged_features(ts_data, var, max_lag):
    for t in range(1, max_lag+1):
        ts_data[var+'_lag'+str(t)] = ts_data[var].shift(t, freq='1H')
```

在上面的示例代码中，我们首先创建一个名为 generated_lagged_features 的函数，然后以一个小时的频率生成八个附加的滞后特征，如下所示：

```
generated_lagged_features(ts_data, 'load', 8)
generated_lagged_features(ts_data, 'temp', 8)
print(ts_data.head(5))
```

运行此示例将打印转换后的数据集的前五行：

```
                        load    temp   hour   month   dayofweek   load_lag1   \
2012-01-01 00:00:00   2,698.00  32.00    0       1        1          nan
2012-01-01 01:00:00   2,558.00  32.67    1       1        1        2,698.00
2012-01-01 02:00:00   2,444.00  30.00    2       1        1        2,558.00
2012-01-01 03:00:00   2,402.00  31.00    3       1        1        2,444.00
2012-01-01 04:00:00   2,403.00  32.00    4       1        1        2,402.00


                      load_lag2   load_lag3   load_lag4   load_lag5   ...
\
2012-01-01 00:00:00      nan         nan         nan         nan      ...
2012-01-01 01:00:00      nan         nan         nan         nan      ...
2012-01-01 02:00:00    2,698.00      nan         nan         nan      ...
```

```
2012-01-01 03:00:00     2,558.00    2,698.00         nan         nan    ...
2012-01-01 04:00:00     2,444.00    2,558.00    2,698.00         nan    ...

                        temp_lag1   temp_lag2   temp_lag3   temp_lag4   temp_
lag5   \
2012-01-01 00:00:00           nan         nan         nan         nan
nan
2012-01-01 01:00:00         32.00         nan         nan         nan
nan
2012-01-01 02:00:00         32.67       32.00         nan         nan
nan
2012-01-01 03:00:00         30.00       32.67       32.00         nan
nan
2012-01-01 04:00:00         31.00       30.00       32.67       32.00
nan

                        temp_lag6   load_lag7   load_lag8   temp_lag7   temp_
lag8
2012-01-01 00:00:00           nan         nan         nan         nan
nan
2012-01-01 01:00:00           nan         nan         nan         nan
nan
2012-01-01 02:00:00           nan         nan         nan         nan
nan
2012-01-01 03:00:00           nan         nan         nan         nan
nan
2012-01-01 04:00:00           nan         nan         nan         nan
nan

[5 rows x 21 columns]
```

添加滞后特征的操作称为滑动窗口方法或窗口特征：上面的示例显示了如何应用窗口宽度为 8 的滑动窗口方法。窗口特征是对先前时间步的固定窗口中的值的汇总。

根据时间序列场景，可以扩展窗口宽度，包括更多滞后特征。数据科学家在添加滞后特征之前的一个常见问题是，窗口的大小应该多大。一个好的方法是构建一系列不同的窗口宽度，或者从数据集中添加和删除它们，以查看哪个宽度对你的模型性能有更明显的积极影响。

理解滑动窗口方法对于构建滚动窗口统计信息等特征方法非常有帮助，我们将在下一小节进行讨论。

3.3.3　滚动窗口统计信息

在时间序列数据集中构建和使用滚动窗口统计信息的主要目标是通过定义一个范围来统计给定数据样本的值，该范围包括样本本身以及样本使用前后的一些指定数量的样本。

数据科学家计算滚动窗口统计信息的关键步骤是定义观测值的滚动窗口：数据科学家需要在滚动窗口中获取每个时间点的观测值，并使用它们来计算决定使用的统计信息。接下来，需要进入下一个时间点，并对下一个窗口的观测值重复相同的计算。

移动平均是非常受欢迎的滚动统计方法之一。这需要一个移动的时间窗口，并计算该时间段的均值。pandas 提供了 rolling() 函数来提供滚动窗口计算，并且会在每个时间步使用值窗口创建一个新的数据结构。 然后，可以在每个时间步收集的值的窗口上执行统计功能，例如计算均值。

数据科学家可以使用 pandas 中的 concat() 函数，仅使用新列构建新数据集。此函数将沿特定轴的 pandas 对象与沿其他轴的可选逻辑连接起来。它还可以在串联轴上添加一层分层索引，如果标签在传递的轴上的编号相同（或重叠），则会很有用。

下面的示例演示了在窗口大小为 6 的情况下 pandas 如何执行此操作：

```
# create a rolling mean feature
from pandas import concat

load_val = ts_data[['load']]
shifted = load_val.shift(1)

window = shifted.rolling(window=6)
means = window.mean()
new_dataframe = concat([means, load_val], axis=1)
new_dataframe.columns = ['load_rol_mean', 'load']

print(new_dataframe.head(10))
```

运行上面的示例将打印新数据集的前 10 行：

```
                   load_rol_mean load
2012-01-01 00:00:00          nan 2,698.00
2012-01-01 01:00:00          nan 2,558.00
2012-01-01 02:00:00          nan 2,444.00
2012-01-01 03:00:00          nan 2,402.00
2012-01-01 04:00:00          nan 2,403.00
2012-01-01 05:00:00          nan 2,453.00
2012-01-01 06:00:00     2,493.00 2,560.00
2012-01-01 07:00:00     2,470.00 2,719.00
2012-01-01 08:00:00     2,496.83 2,916.00
2012-01-01 09:00:00     2,575.50 3,105.00
```

下面是另一个示例，该示例演示了如何创建宽度为 4 的窗口，如何使用 rolling()
函数以及如何构建包含更多汇总统计信息（例如窗口中的最小值、均值和最大值）的数
据集：

```
# create rolling statistics features
from pandas import concat

load_val = ts_data[['load']]
width = 4
shifted = load_val.shift(width - 1)
window = shifted.rolling(window=width)

new_dataframe = pd.concat([window.min(),
window.mean(), window.max(), load_val], axis=1)
new_dataframe.columns = ['min', 'mean', 'max', 'load']

print(new_dataframe.head(10))
```

运行代码将打印新数据集的前 10 行，以及刚刚创建的新特征（最小值、均值和最
大值）：

```
                         min      mean      max      load
2012-01-01 00:00:00      nan       nan      nan 2,698.00
2012-01-01 01:00:00      nan       nan      nan 2,558.00
2012-01-01 02:00:00      nan       nan      nan 2,444.00
2012-01-01 03:00:00      nan       nan      nan 2,402.00
2012-01-01 04:00:00      nan       nan      nan 2,403.00
2012-01-01 05:00:00      nan       nan      nan 2,453.00
2012-01-01 06:00:00 2,402.00  2,525.50 2,698.00 2,560.00
2012-01-01 07:00:00 2,402.00  2,451.75 2,558.00 2,719.00
2012-01-01 08:00:00 2,402.00  2,425.50 2,453.00 2,916.00
2012-01-01 09:00:00 2,402.00  2,454.50 2,560.00 3,105.00
```

在时间序列预测方案中可能有用的另一种窗口特征是扩展窗口统计信息，它包括序列中的所有历史数据。在下一小节中，我们将学习如何构建它。

3.3.4　扩展窗口统计信息

扩展窗口是包含所有历史数据的特征。pandas 提供了 expanding() 函数，该函数为每个时间步提供扩展的转换和所有先验值的集合：Python 为 rolling() 和 expanding() 函数提供相同的接口与功能。

以下是计算 ts_data 数据集上扩展窗口的最小值、均值和最大值的示例：

```
# create expanding window features
from pandas import concat
load_val = ts_data[['load']]
window = load_val.expanding()
new_dataframe = concat([window.min(),
window.mean(), window.max(), load_val. shift(-1)], axis=1)
new_dataframe.columns = ['min', 'mean', 'max', 'load+1']
print(new_dataframe.head(10))
```

运行示例将打印新数据集的前 10 行以及其他扩展窗口特征：

```
                         min       mean      max       load+1
2012-01-01 00:00:00  2,698.00  2,698.00  2,698.00  2,558.00
2012-01-01 01:00:00  2,558.00  2,628.00  2,698.00  2,444.00
2012-01-01 02:00:00  2,444.00  2,566.67  2,698.00  2,402.00
2012-01-01 03:00:00  2,402.00  2,525.50  2,698.00  2,403.00
2012-01-01 04:00:00  2,402.00  2,501.00  2,698.00  2,453.00
2012-01-01 05:00:00  2,402.00  2,493.00  2,698.00  2,560.00
2012-01-01 06:00:00  2,402.00  2,502.57  2,698.00  2,719.00
2012-01-01 07:00:00  2,402.00  2,529.62  2,719.00  2,916.00
2012-01-01 08:00:00  2,402.00  2,572.56  2,916.00  3,105.00
2012-01-01 09:00:00  2,402.00  2,625.80  3,105.00  3,174.00
```

在本节中，探索了如何使用特征工程将时间序列数据集转换为用于机器学习的监督学习数据集，并改善了机器学习模型的性能。

3.4　总结

在本章中，学习了为预测模型准备时间序列数据的最重要和最基本的步骤。良好的时间序列数据准备可以产生干净且经过精心整理的数据，从而使预测更加准确。

在本章中，学习了以下内容：

- ❑ 用于时间序列数据的 Python 库。Python 是非常强大的编程语言，提供了用于时间序列数据的各种库并提供了对时间序列分析的出色支持。在 3.1 节中，学习了 SciPy、NumPy、Matplotlib、pandas、statsmodels 和 scikit-learn 之类的库如何帮助你准备、探索和分析时间序列数据。
- ❑ 探索与理解时间序列。在 3.2 节中，学习了探索、分析和理解时间序列数据的步骤，例如如何计算和查看时间序列数据的摘要统计信息，如何执行时间序列中缺少时间段的数据清理操作，以及如何执行时间序列数据归一化和标准化。
- ❑ 时间序列特征工程。特征工程是使用历史的原始数据为用于训练模型的最终数据集创建其他变量和特征的过程。在 3.3 节中，学习了如何对时间序列数据执行特征工程。

在下一章中，将探索一套用于时间序列预测的经典方法，例如自回归、自回归移动平均、差分自回归移动平均和自动化机器学习。

第 4 章

时间序列预测的自回归和自动方法

无论是收入、库存、在线销售还是客户需求预测，建立预测是任何业务不可或缺的一部分。时间序列预测仍然是如此基本，因为现实世界中有一些问题和相关数据呈现出时间维度。

应用机器学习模型来加速预测可以实现改善业务运营的智能解决方案的可扩展性、性能和准确率。然而，构建机器学习模型通常是耗时且复杂的，需要考虑许多因素，例如迭代算法、调整机器学习超参数以及应用特征工程技术。这些选项还需与时间序列数据相乘，因为数据科学家还需要考虑其他因素，例如趋势、季节性、节假日和外部经济变量。

在本章中，你将探索一套经典的时间序列预测方法，可以对预测问题进行测试。以下段落旨在详细介绍每种方法的足够信息，以便你可以从一个有效的代码示例入手，以及获得关于该方法的更多信息。

经典的时间序列预测方法一般侧重于历史数据和未来结果之间的线性关系。然而，它们在各种时间序列问题上都表现良好。在探索更复杂的时间序列深度学习方法（第 5 章）之前，确保已经用尽经典的线性时间序列预测方法。

4.1　自回归

自回归是一种时间序列预测方法，仅依赖于时间序列的先前输出：该技术假设下一个时间戳的未来观测值与先前时间戳的观测值存在线性关系。换句话说，在自回归中，一个时间序列的值将与同一时间序列的先前值进行回归计算。在本章中，我们将学习如何用 Python 实现时间序列预测的自回归计算。

在自回归中，前一个时间戳的输出值成为预测下一个时间戳的输入值，并且误差遵循简单线性回归模型中关于误差的一般假设。在自回归中，时间序列中用于预测下一个时间戳的先前输入值的数量称为顺序（我们一般用字母 p 表示顺序）。该顺序值决定了将使用多少个先前的数据点：通常，数据科学家通过测试不同的值并观测使用最小的赤池信息量准则（AIC）得出的模型来估计 p 值。我们将在后面讨论 AIC 和贝叶斯信息量准则（BIC）惩罚似然准则。

数据科学家将当前预测值（输出）基于紧接在前的值（输入）的自回归称为一阶自回归，如图 4.1 所示。

传感器 ID	时间戳	值 X	值 y
传感器 _1	01/01/2020	NaN	236
传感器 _1	01/01/2020	236	133
传感器 _1	01/02/2020	133	148
传感器 _1	01/03/2020	148	152
传感器 _1	01/04/2020	152	241
传感器 _1	01/05/2020	241	根据同一时间序列的上一个值回归的值

图 4.1　一阶自回归方法

如果需要使用前两个值来预测下一个时间戳值，则该方法称为二阶自回归，因为下一个时间戳值将使用前两个值作为输入来预测，如图 4.2 所示。

传感器 ID	时间戳	值 X	值 y
传感器 _1	01/01/2020	NaN	236
传感器 _1	01/01/2020	236	133
传感器 _1	01/02/2020	133	148
传感器 _1	01/03/2020	148	152
传感器 _1	01/04/2020	152	241
传感器 _1	01/05/2020	241	? 根据同一时间序列的前两个值回归的值

图 4.2　二阶自回归方法

更一般地，n 阶自回归是多重线性回归，其中在任何时间 t 的序列值都是该同一时间序列中先前值的线性函数。由于这种序列依赖性，自回归的另一个重要方面是自相关：自相关是一种统计特性，当时间序列与其自身的之前或滞后版本线性相关时，就会出现这种特性。

自相关是自回归的一个关键概念，输出（即需要预测的目标变量）和特定的滞后变量（即先前时间戳用作输入的一组值）之间的相关性越强，自回归赋予该特定变量的权重越大。因此该变量被认为具有很强的预测能力。

此外，一些回归方法，如线性回归和普通最小二乘回归，依赖于隐含的假设，即用于训练模型的训练集中不存在自相关。这些方法被定义为参数方法，如线性回归和普通最小二乘回归，因为与它们一起使用的数据集呈现正态分布，并且它们的回归函数是根据有限数量的未知参数定义的，这些未知参数是从数据中估计得到的。

因此，自相关可以帮助数据科学家为时间序列预测解决方案选择最合适的方法。此外，自相关对于从数据和变量之间获得额外的洞察力以及识别隐藏的模式（如时间序列数据中的季节性和趋势）非常有用。

为了检查时间序列数据中是否存在自相关，可以使用 pandas 提供的两种不同的内置图，称为 lag_plot（pandas.pydata.org/docs/reference/api/pandas.plotting.lag_plot.html）和 autocorrelation_plot（pandas.pydata.org/docs/reference/api/pandas.plotting.

autocorrelation_plot.html）。

这些函数可以从 pandas.plotting 中导入，并以 series 或 DataFrame 为参数。这两个图都是可视化检查，可以利用它们来查看时间序列数据集中是否存在自相关，如表 4.1 所示。

表 4.1　pandas.plotting.lag_plot API 参考和描述（一）

API 参考	pandas.plotting.lag_plot
参数	series：时间序列 lag：分散图的滞后数，默认为 1 ax：matplotlib 轴对象，可选 kwds：散点方法关键字参数，可选
返回	类：matplotlib.axis.Axes

下面是为 ts_data_load 集创建滞后图的示例。首先，导入所有必要的库，并将数据加载到 pandas DataFrame 中：

```
# Import necessary libraries
import datetime as dt
import os
import warnings
from collections import UserDict
from glob import glob

import matplotlib.pyplot as plt
import numpy as np
import pandas as pd
from common.utils import load_data, mape
from IPython.display import Image

%matplotlib inline

pd.options.display.float_format = "{:,.2f}".format
np.set_printoptions(precision=2)
warnings.filterwarnings("ignore")

# Load the data from csv into a pandas dataframe
ts_data_load = load_data(data_dir)[['load']]
ts_data_load.head()
```

通过仅选择加载列为 ts_data_load 集创建一个滞后图：

```
# Import lag_plot function
from pandas.plotting import lag_plot
plt.figure()

# Pass the lag argument and plot the values.
# When lag=1 the plot is essentially data[:-1] vs. data[1:]
# Plot our ts_data_load set
lag_plot(ts_data_load)
```

滞后图用于检查数据集或时间序列是否是随机的：随机数据不应在滞后图中显示任何结构。

在图 4.3 中，我们可以沿着图的对角线看到大量的能源值。它清楚地显示了数据集的这些观测值之间的关系或某种相关性。此外，我们也可以使用自相关图，如表 4.2 所示。

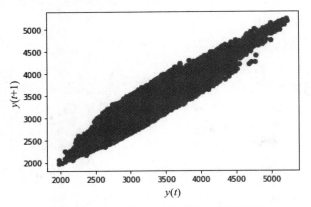

图 4.3　由 ts_data_load 集产生的滞后图

表 4.2　pandas.plotting.lag_plot API 参考和描述（二）

API 参考	pandas.plotting.autocorrelation_plot
参数	series：时间序列 lag：分散图的滞后数，默认为 1 ax：matplotlib 轴对象，可选 kwds：关键字 传递给 matplotlib 绘图方法的选项
返回	类：matplotlib.axis.Axes

数据科学家还经常使用自相关图通过计算波动时滞后数据值的自相关来检查时间序列中的随机性。如果时间序列是随机的，则所有时间滞后的自相关值应该接近于零。如果时间序列不是随机的，那么一个或多个自相关将显著非零。

下面是为 ts_data_load 集创建自相关图的示例。

```
# Import autocorrelation_plot function
from pandas.plotting import autocorrelation_plot
plt.figure()

# Pass the autocorrelation argument and plot the values
autocorrelation_plot(ts_data_load)
```

结果如图 4.4 所示。

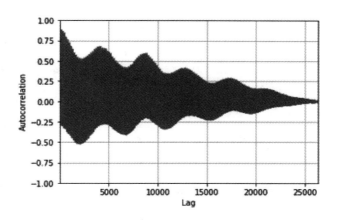

图 4.4　ts_data_load 集的自相关图

由于 ts_data_load 集非常精细，并且包含大量每小时的数据点，所以我们无法看到应该在自相关图中显示的水平线。因此，我们可以创建数据集的子集（例如，可以选择 2014 年 8 月的第一周），然后再次应用自相关图函数，如下所示：

```
# Create subset
ts_data_load_subset = ts_data_load['2014-08-01':'2014-08-07']

# Import autocorrelation _plot function
from pandas.plotting import autocorrelation_plot
plt.figure()
```

```
# Pass the autocorrelation argument and plot the values
autocorrelation_plot(ts_data_load_subset)
```

如图 4.5 所示，自相关图显示了垂直轴上的自相关函数值。它的范围是 –1 到 1。图中显示的水平线对应于 95% 和 99% 置信区间，虚线对应于 99% 置信区间。自相关图旨在揭示时间序列的数据点是正相关、负相关还是相互独立的。

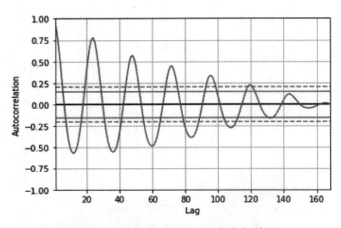

图 4.5   ts_data_load_subset 的自相关图

时间序列的滞后自相关图也称为自相关函数（ACF）。Python 用 statsmodels 库 (statsmodels.org/devel/generated/statsmodels.graphics. tsaplots.plot_acf.html) 中 的 plot_acf() 函数支持 ACF。以下是使用 statsmodels 库中的 plot_acf() 函数为 ts_data_load 集计算和绘制自相关图的代码示例：

```
# Import plot_acf() function
from statsmodels.graphics.tsaplots import plot_acf

# Plot the acf function on the ts_data_load set
plot_acf(ts_data_load)
pyplot.show()
```

让我们在 ts_data_load_subset 上运行相同的 plot_acf() 函数：

```
# Import plot_acf() function
from statsmodels.graphics.tsaplots import plot_acf
```

```
# Plot the acf function on the ts_data_load_subset
plot_acf(ts_data_load_subset)
pyplot.show()
```

运行这些示例会创建两个二维图，分别显示 x 轴上的滞后值和 y 轴上 –1 和 1 之间的相关性，如图 4.6 和图 4.7 所示。

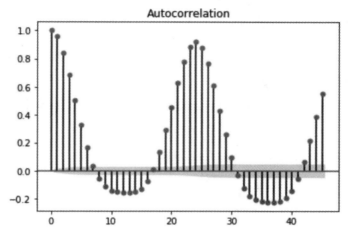

图 4.6　使用 statsmodels 库中的 plot_acf() 函数对 ts_data_load 集进行自相关绘图

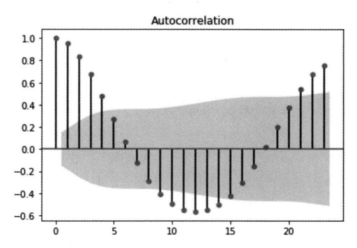

图 4.7　使用 statsmodels 库中的 plot_acf() 函数对 ts_data_load_subset 进行自相关绘图

从这两个图中可以看出，置信区间被绘制成圆锥形。默认情况下，置信区间设置为 95%，这表明该圆锥体之外的值很可能是相关的。

另一个需要考虑的重要概念是部分相关函数（PACF），它是一种条件相关。假设我们考虑一些其他变量集的值，这就是两个变量之间的相关性。在回归中，可以通过关联两个不同回归的残差来找到这种部分相关性。

在时间序列数据集中，一个时间戳上的一个值和一个先前时间戳上的另一个值的自相关包括这两个值之间的直接相关性和间接相关性。这些间接相关性是观测值的相关性的线性函数，其值介于其间的时间戳值。

Python 用 statsmodels 库 (statsmodels.org/stable/generated/statsmodels.graphics.tsaplots.plot_pacf.html) 中的 plot_pacf() 支持 PACF 函数。以下代码使用 statsmodels 库中的 plot_pacf() 计算并绘制了 ts_data_load 集前 20 个滞后变量的部分自相关函数：

```
# Import plot_pacf() function
from statsmodels.graphics.tsaplots import plot_pacf

# Plot the pacf function on the ts_data_load dataset
plot_pacf(ts_data_load, lags=20)
pyplot.show()
```

同样，以下代码使用 statsmodels 库中的 plot_pacf() 计算并绘制了 ts_data_load 子集的前 30 个滞后变量的部分自相关函数：

```
# import plot_pacf() function
from statsmodels.graphics.tsaplots import plot_pacf

# plot the pacf function on the ts_data_load_subset
plot_pacf(ts_data_load_subset, lags=30)
pyplot.show()
```

x 值（在示例中为 ts_data_load）可以是一个序列或一个数组。滞后参数显示将绘制 PACF 的滞后数。运行这些示例会创建两个二维图，分别显示前 20 个滞后和 30 个滞后的部分自相关，如图 4.8 和图 4.9 所示。

当数据科学家需要理解和确定自回归和移动平均时间序列方法的顺序时，ACF 和 PACF 函数的概念以及相应的图变得尤为重要。可以用两种方法来确定自回归 AR(p) 模型的顺序：

❑ ACF 和 PACF 函数

❑ 信息准则

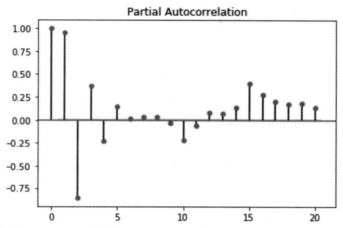

图 4.8　使用 statsmodels 库中的 plot_pacf() 函数对 ts_data_load 集进行自相关绘图

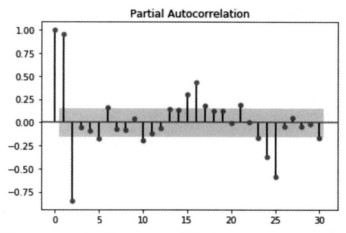

图 4.9　使用 statsmodels 库中的 plot_pacf() 函数对 ts_data_load_subset 进行自相关绘图

如图 4.8 所示，ACF 是一个自相关函数，可提供一系列与其滞后值自相关的信息。简而言之，ACF 描述了该序列的现值与其过去值之间的关系。正如在第 3 章中所看到的，时间序列数据集可以包含趋势、季节性和循环模式。ACF 在寻找相关性时会考虑所有这些因素。

另一方面，PACF 是另一个重要的函数，PACF 不是像 ACF 一样找到当前值与滞后的相关性，而是找到残差与下一个滞后的相关性。此函数可以衡量增加一个滞后带来的增量效益。因此，如果通过 PACF 函数，我们发现残差中存在可以由下一个滞后建模的隐藏信息，可能会获得良好的相关性，并且在建模时会将下一个滞后作为特征保留。

为什么这两个函数在建立自回归模型时很重要。如本章开头所述，自回归是一种基于以下假设的模型，即可以使用同一时间序列的先前值获得时间序列的当前值：当前值是其过去值的加权平均值。

为了避免时间序列模型的多重共线性特征，有必要使用 PACF 图找到自回归过程的最佳特征或顺序，因为它可以消除早期滞后解释的变化，因此仅获得相关特征（图4.8）。请注意，第六个滞后之前的滞后有很好的正相关性；这是 ACF 图切割置信上限的点。尽管在第六个滞后期之前都有良好的相关性，但不能全部使用它们，因为这会产生多重共线性问题；这就是为什么转向 PACF 图来仅获得最相关的滞后。

在图 4.9 中可以看到，在图第一次切割上置信区间之前，最多 6 个滞后具有良好的相关性。这是 p 值，是自回归过程的顺序。我们可以使用前 6 个滞后的线性组合对给定的自回归过程进行建模。在图 4.9 中还可以看到图第一次切割上置信区间之前，最多1 个滞后具有良好的相关性。这是 p 值，是自回归过程的顺序。然后可以用第一个滞后为该自回归过程建模。

模型中包含的滞后变量越多，模型对数据的拟合就越好。然而，这也代表有数据过度拟合的风险。信息量准则通过基于使用的参数数量施加惩罚来调整模型的拟合优度。有两种流行的调整后的拟合优度指标：

❏ 赤池信息量准则。
❏ 贝叶斯信息量准则。

为了从这两个度量中获取信息，可以使用 Python 中的 summary() 函数、params 属性或赤池信息量准则和贝叶斯信息量准则属性。这些信息量准则用于拟合多个模型，每个模型具有不同数量的参数，并选择具有最低贝叶斯信息量准则的模型。例如，如果有一个 AR(5) 模型，则最低的信息量准则结果将表示值为 5。

从 0.11 版本开始，statsmodels 引入了一个专用于自回归的新类（statsmodels.org/
stable/generated/statsmodels.tsa.ar_model.AutoReg.html），如表 4.3 所总结。

表 4.3　statsmodels 中的自回归类

自回归方法	描述和属性
ar_model. AutoReg(endog, lags[, trend, ...])	自回归 AR-X (p) 模型
ar_model. AutoRegResults(model, params, ...)	类用来保存拟合 AutoReg 模型的结果
ar_model.ar_select_ order(endog, maxlag[, ...])	自回归 AR-X(p) 模型顺序选择

ar_model.AutoReg 模型通过应用以下元素来估计参数：

❏ 条件最大似然（CML）估计量：这是一种涉及条件对数似然函数最大化的方法，
据此认为已知的参数要么由理论假设固定，要么更常见地由估计值代替（Lewis-
Beck、Bryman 和 Liao 2004）。

并支持以下元素：

❏ 外源回归变量（或独立变量，即对目标变量的值有影响的变量）：更具体地
说，支持 ARX 模型（具有外源变量的自回归）。ARX 模型和相关模型也可以用
arima.ARIMA 类和 SARIMAX 类。
❏ 季节性效应：定义为时间序列中的系统和日历相关效应。

Python 支持使用 statsmodels 库中的 AutoReg 模型进行自回归建模（statsmodels.
org/stable/generated/statsmodels.tsa.ar_model.AutoReg.html），如表 4.4 所总结。

表 4.4　statsmodels 中的自回归类的定义和参数

类　名	statsmodels.tsa.ar_model.autoreg
定义	类使用 CML 估计器估计 ARX 模型
参数 endog	array_like 一维内源性响应变量。独立的变量

（续）

类　名	statsmodels.tsa.ar_model.autoreg
参数 Lags	{int, list[int]} 如果是整数或要包括的滞后指标列表，则在模型中要包括的滞后数
参数 trend : {'n', 'c', 't', 'ct'}	模型中包含的趋势： 'n' - 没有趋势 'c' - 常数 't' - 时间趋势 'ct' - 常数和时间趋势
参数 seasonal	bool 型 指示是否在模型中包含季节性模型的标志。如果季节性为真，且趋势中包含 'c'，则第一个时期被排除在季节性之外
参数 exog	array_like, 可选 模型中包含外源变量。必须有相同的观测的数量作为 endog 相对齐，以便 endog[i] 在 exog[i] 上回归
参数 hold_back	{None, int} 从估计样本中排除的初步观测。如果没有，那么 hold_back 等于模型中的最大滞后。设置为非零值产生具有不同滞后的可比较模型长度
参数 period	{None, int} 数据的周期。仅在季节性为真时使用。如果使用一个 pandas 对象的 endog 包含一个可识别的频率，这个参数可以省略
参数 missing	str 可用的是 'none', 'drop', 和 'raise'。如果是 'none'，则不进行 nan 检查；如果是 'drop'，则删除所有与 nan 有关的观测信息；如果是 'raise'，将引发错误。默认是 'none'

　　可以使用这个包创建模型 AutoReg，然后调用 fit() 函数在数据集上训练它。下面是如何将这个包应用到 ts_data 集中：

```
# Import necessary libraries
%matplotlib inline
import matplotlib.pyplot as plt
import seaborn as sns
from statsmodels.tsa.ar_model import AutoReg, ar_select_order
from statsmodels.tsa.api import acf, pacf, graphics

# Apply AutoReg model
model = AutoReg(ts_data_load, 1)
results = model.fit()
results.summary()
```

AutoReg 模型的 results.summary() 返回的结果总结：

AUTOREG MODEL RESULTS					
DEP. VARIABLE:	LOAD		NO. OBSERVATIONS:		26304
Model:	AutoReg(1)		Log Likelihood		−171640
Method:	Conditional MLE		S.D. of innovations		165.1
Date:	Tue, 28 Jan 2020		AIC		10.213
Time:	17:05:24		BIC		10.214
Sample:	1/1/2012		HQIC		10.214
	−2057				

	COEF	STD ERR	Z	P>|Z|	[0.025	0.975]
intercept	144.5181	5.364	26.945	0	134.006	155.03
load.L1	0.9563	0.002	618.131	0	0.953	0.959

ROOTS	REAL	IMAGINARY	MODULUS	FREQUENCY
AR.1	1.0457	+0.0000j	1.0457	0

AutoReg 支持与普通最小二乘（OLS）模型相同的协方差估计。在下面的示例中，使用 cov_type= "HC0"，这是 White 的协方差估计量。White 检验用于检测回归分析中的异方差误差：White 检验的原假设是误差的方差相等。虽然参数估计值相同，但所有依赖于标准误差的量都会改变（White 1980）。

在下面的例子中，展示了如何应用协方差估计器 cov_ type= "HC0" 并输出结果总和：

```
# Apply covariance estimators cov_type="HC0" and output the summary
res = model.fit(cov_type="HC0")
res.summary()
```

AUTOREG MODEL RESULTS					
DEP. VARIABLE:	LOAD		NO. OBSERVATIONS:		26304
Model:	AutoReg(1)		Log Likelihood		–171640
Method:	Conditional MLE		S.D. of innovations		165.1
Date:	Tue, 28 Jan 2020		AIC		10.213
Time:	20:29:08		BIC		10.214
Sample:	1/1/2012		HQIC		10.214
	–2057				

	COEF	STD ERR	Z	P>|Z|	[0.025	0.975]
intercept	144.5181	5.364	26.945	0	134.006	155.03
load.L1	0.9563	0.002	618.131	0	0.953	0.959

ROOTS				
REAL	IMAGINARY	MODULUS	FREQUENCY	
1.0457	+0.0000j	1.0457	0	

通过使用 plot_predict，可以对预测可视化。下面给出了大量的预测，显示了模型捕捉到的字符串季节性：

```
# Define figure style, plot package and default figure size
sns.set_style("darkgrid")
pd.plotting.register_matplotlib_converters()

# Default figure size
sns.mpl.rc("figure", figsize=(16, 6))

# Use plot_predict and visualize forecasts
figure = results.plot_predict(720, 840)
```

上述代码输出预测图，如图 4.10 所示。

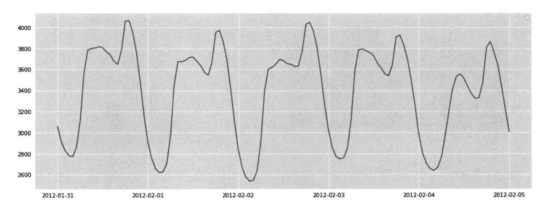

图 4.10　使用 statsmodels 库中的 plot_predict() 函数对 ts_data 集生成预测图

plot_diagnositcs 表示模型捕获了数据中的关键特征，如以下示例代码所示：

```
# Define default figure size
fig = plt.figure(figsize=(16,9))

# Use plot_predict and visualize forecasts
fig = res.plot_diagnostics(fig=fig, lags=20)
```

上面的代码输出了四种不同的可视化效果，如图 4.11 所示。

最后，我们可以测试 AutoReg() 函数的预测能力：使用 predict 方法从结果实例中生成预测。默认情况下会生成静态预测，这是单步预测。生成多步预测需要使用 dynamic=True。

在下面的示例代码中，将 predict 方法应用于 ts_data 集上。为训练集准备数据包括以下步骤：

1. 定义训练集和测试集的开始日期。

2. 过滤原始数据集，使其仅包含为训练集保留的时间段。

3. 缩放时间序列，使值落在区间（0，1）内。对于这个操作，我们将使用 MinMax-Scaler()。这是一种估计量，它对每个特征分别进行缩放和转换，使其在训练集的给定范围内，例如在 0 和 1 之间（scikit-learn.org/stable/modules/generated/sklearn.preprocessing.MinMaxScaler.html）。

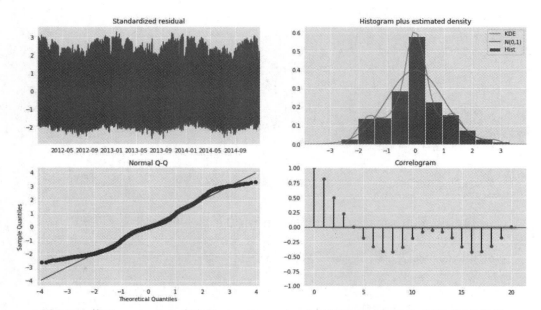

图 4.11   使用 statsmodels 库中的 plot_diagnositcs() 函数对 ts_data 集生成的可视化结果

在以下示例代码中,首先定义训练集和测试集的开始日期:

```
# Define the start date for the train and test sets
train_start_dt = '2014-11-01 00:00:00'
test_start_dt = '2014-12-30 00:00:00'
```

然后,过滤原始数据集,只包括为训练集保留的时间段:

```
# Create train set containing only the model features
train = ts_data_load.copy()[
        (ts_data_load.index >= train_start_dt)
        & (ts_data_load.index < test_start_dt)][['load']]
test = ts_data_load.copy()
        [ts_data_load.index >= test_start_dt][['load']]

print('Training data shape: ', train.shape)
print('Test data shape: ', test.shape)
```

然后,我们将数据缩放到范围(0,1),并指定要提前进行预测的步骤数。该转换应在训练集和测试集上进行校准,示例代码如下所示:

```
# Scale train data to be in range (0, 1)
from sklearn.preprocessing import MinMaxScaler
scaler = MinMaxScaler()
train['load'] = scaler.fit_transform(train)
train.head()

# Scale test data to be in range (0, 1)
test['load'] = scaler.transform(test)
test.head()
```

还需要指定提前预测的步骤数，如下面的示例代码所示：

```
# Specify the number of steps to forecast ahead
HORIZON = 3
print('Forecasting horizon:', HORIZON, 'hours')
```

现在，可以为每个水平创建一个测试数据点，如下面的示例代码所示：

```
# Create a test data point for each HORIZON
step.test_shifted = test.copy()

for t in range(1, HORIZON):
        test_shifted['load+'+str(t)] = test_shifted['load']
        .shift(-t, freq='H')

test_shifted = test_shifted.dropna(how='any')
test_shifted.head(5)
```

最后，可以使用 predict 方法对测试数据进行预测：

```
%%time
# Make predictions on the test data
training_window = 720

train_ts = train['load']
test_ts = test_shifted

history = [x for x in train_ts]
history = history[(-training_window):]

predictions = list()

for t in range(test_ts.shape[0]):
      model = AutoReg(ts_data_load, 1)
      model_fit = model.fit()
```

```
yhat = model_fit.predict
predictions.append(yhat)
obs = list(test_ts.iloc[t])
# move the training window
history.append(obs[0])
history.pop(0)
print(test_ts.index[t])
print(t+1, ': predicted =', yhat, 'expected =', obs)
```

本节探索了如何使用 Python 对时间序列数据构建自回归预测。在 4.2 节中，将探索用 Python 开发和实现移动平均模型的最佳工具。

4.2　移动平均

移动平均技术利用回归方法中的先前预测误差来预测下一个时间戳的未来观测值：每个未来观测值可以被认为是先前预测误差的加权移动平均。

与自回归技术一起，移动平均方法是更常规的自回归移动平均和差分自回归移动平均模型的重要元素，其呈现更复杂的随机配置。

移动平均模型与自回归模型非常相似：自回归模型代表过去观测值的线性组合，而移动平均模型代表过去误差项的组合。数据科学家通常将移动平均模型应用于时间序列数据，因为他们非常擅长通过将模型拟合到误差项来直接解释误差过程中隐藏的或不规则的模式。

Python 通过 statsmodels.tsa.arima_model.ARMA 类（statsmodels.org/stable/generated/statsmodels.tsa.arima_model .ARMA.html）支持移动平均法，通过将自回归模型的顺序设置为 0 并在顺序参数中定义移动平均模型的顺序：

```
MovAvg_Model = ARMA(ts_data_load, order=(0, 1))
```

statsmodels 库为 ARMA() 类提供了定义和参数，如表 4.5 中所示。

在本节中，探索了 Python 如何使用移动平均模型来构建预测。在 4.3 节中，将探索用 Python 开发和实现自回归移动平均模型的最佳的包和类。

表 4.5　statsmodels 中的自回归移动平均

自回归移动平均	描述和属性
arima_model.ARMA(endog, order[, exog, ...])	自回归移动平均（ARMA (p, q)）模型
arima_model.ARMAResults(model, params[, ...])	类用来保存拟合 ARMA 模型的结果

4.3　自回归移动平均

自回归移动平均（ARMA）模型在时间序列建模中一直发挥着关键作用，因为它们的线性结构有助于线性预测的实质性简化（Zhang 等 2015）。

自回归移动平均方法由两部分组成：

❏　自回归
❏　移动平均模型

与自回归和移动平均模型相比，ARMA 模型提供了最有效的平稳时间序列线性模型，因为它们能够用最少的参数对未知过程建模（Zhang 等 2015）。

特别地，ARMA 模型用于根据两个多项式来描述每周平稳随机时间序列。第一个多项式用于自回归，第二个用于移动平均。这种方法通常被称为 ARMA(p，q) 模型，其中：

❏　p 代表自回归多项式的顺序。
❏　q 代表移动平均多项式的顺序。

在这里，我们将看到如何根据自回归、MA(q) 和 ARMA(p，q) 过程来模拟时间序列，以及如何基于从 ACF 和 PACF 收集的见解将时间序列模型拟合到数据。

Python 使用 statsmodels 中的 ARMA() 函数（statsmodels.org/stable/generated/ statsmodels. tsa.arima_model.ARMA. html）来支持 ARMA 模型的实现。statsmodels 库提供了 ARMA() 类的定义和参数，如表 4.6 所示。

表 4.6　statsmodels 中自回归移动平均类的定义和参数

类　名	STATSMODELS.TSA.ARIMA_MODEL.ARMA
定义	类估计自回归移动平均 (p, q) 模型
参数 endog	array_like 内源（独立）变量
参数 Order	iterable 模型的 (p, q) 阶用于 AR 参数的个数和 MA 参数的个数
参数 exog	array_like，可选 外源变量的可选数组，不包括常数或趋势，可以在 fit 方法中指定它
参数 dates	array_like，可选 datetime 对象的类似数组的对象。如果为 endog 或 exog 提供了 pandas 对象，则假定它有 DateIndex
参数 freq	str，可选 时间序列的频率。pandas 偏移量或 'B'、'D'、'W'、'M'、'A'、'Q'。如果给出了日期，这是可选的

下一节将学习如何利用自回归和自回归移动平均，用 ts_data_load 集构建差分自回归移动平均模型。

4.4　差分自回归移动平均

差分自回归移动平均（ARIMA）模型被认为是更简单的自回归移动平均（ARMA）模型的发展，并包括差分的概念。

的确，自回归移动平均（ARMA）和差分自回归移动平均（ARIMA）呈现出许多相似的特征：它们的元素是相同的，在某种意义上说，它们都利用了一般自回归 AR(p) 和一般移动平均模型 MA(q)。正如之前所了解的，AR(p) 模型使用时间序列中的先前值进行预测，而 MA(q) 使用序列平均值和先前误差进行预测（Petris、Petrone 和 Campagnoli 2009）。

ARMA 和 ARIMA 方法之间的主要区别是积分和差分的概念。ARMA 模型是一个平稳模型，它非常适合平稳时间序列（其统计属性，如均值、自相关和季节性，不依赖于观测到该序列的时间）。

可以通过差分技术（例如，从时间 $t-1$ 观测到的值减去时间 t 观测到的值）使时间序列平稳。估计时间序列平稳性需要多少非季节性差异的过程被称为积分（I）或积分法。

ARIMA 模型有三个主要组成部分，分别表示为 p，d，q；在 Python 中，可以为每个组件分配整数值，以指示你需要应用的特定 ARIMA 模型。这些参数定义如下：

- ❑ p 代表 ARIMA 模型中包含的滞后变量的数量，也称为滞后顺序。
- ❑ d 代表时间序列数据集中原始值的差异次数，也称为差异程度。
- ❑ q 表示移动平均窗口的大小，也称为移动顺序平均。

在不需要使用上述参数之一的情况下，可以为该特定参数指定值 0，这表示不使用模型的该元素。

现在让我们来看看 Python 中 ARIMA 模型的一个扩展，叫作 SARIMAX，它代表具有外源因素的季节性差分自回归移动平均模型。当数据科学家必须处理具有季节性周期的时间序列数据集时，他们通常会应用 SARIMAX。此外，SARIMAX 模型支持季节性和外源因素，因此，它们不仅需要 ARIMA 所要求的 p、d 和 q 参数，还需要季节性方面的另一组 p、d 和 q 参数以及参数 s，s 是时间序列数据集中季节性周期的周期性。

Python 通过 statsmodels 库（statsmodels .org/dev/generated/statsmodels. tsa.statespace. sarimax.SARIMAX.html）支持 SARIMAX() 类，如表 4.7 所示。

表 4.7　statsmodels 中具有外源因素的季节差分自回归移动平均

季节性差分自回归移动平均	描述和属性
sarimax. SARIMAX(endog[, exog, order, ...])	具有外源性回归模型的季节性差分自回归移动平均
sarimax. SARIMAXResults(model, params, ... [, ...])	类用来保存拟合 SARIMAX 模型的结果

statsmodels 库为 SARIMAX() 类提供了定义和参数，如表 4.8 所示。

表 4.8   statsmodels 中季节性差分自回归移动平均类的定义及参数

类 名	STATSMODELS.TSA.STATESPACE.SARIMAX.SARIMAX
定义	估计具有外源因素的季节性差分自回归移动平均模型的类
参数 endog	array_like 观测时间序列过程 yy
参数 exog	array_like，可选 外源回归量数组，形如 nobs x k
参数 order	iterable 或 iterable 中的 iterable，可选 模型的 (p, d, q) 阶为 AR 参数个数、差值、MA 参数个数。d 必须是一个整数，表示进程的积分顺序，而 p 和 q 可以是整数，表示 AR 和 MA 的顺序（以便包含到这些顺序的所有延迟），或者其他可迭代对象，给出特定的 AR 和 / 或 MA 的延迟要包含。默认是 AR(1) 模型 :(1,0,0)
参数 seasonal_order	iterable，可选 模型季节性分量的 (p, d, q, s) 阶为 AR 参数、差值、MA 参数和周期性。d 必须是一个整数，表示进程的积分顺序，而 p 和 q 可以是整数，表示 AR 和 MA 的顺序（所有滞后于这些顺序的都包括）或其他 iterables 给出特定的 AR 和 / 或 MA 延迟包括。s 是一个整数，表示周期性（每一季的周期数）；通常季度数据为 4，月数据为 12。默认值没有季节性影响
参数 trend	str{'n', 'c', 't', 'ct'}, iterable，可选 控制确定性趋势多项式 A(t)A(t) 的参数。可以指定为一个字符串，其中 'c' 表示一个常数（即趋势多项式的零次分量），'t' 表示随时间的线性趋势，'ct' 两者都是。也可以指定为一个可迭代对象，如 numpy.poly1d 中定义的多项式，其中 [1,1,0,1] 表示 a+bt+ct3a+bt+ct3。默认情况下不包含趋势组件
参数 measurement_error	bool，可选 是否假定内源性观测，*endog* 测量误差。默认是假
参数 time_varying_ regression	bool，可选 当提供解释变量 *exog* 来选择是否允许外源回归变量的系数随时间变化时使用。默认是假
参数 mle_regression	bool，可选 是否使用外源变量的回归系数作为最大似然估计的一部分或通过卡尔曼滤波（即递归最小二乘）。如果 time_varying_regression 为 True，则必须设置为 False。默认是真
参数 simple_differencing	bool，可选 是否使用部分条件极大似然估计。如果为真，则在估计之前执行差分，这将丢弃第一个 sD+dsD+d 初始行，但会导致更小的状态空间公式。有关使用此选项时解释结果的重要细节，请参阅 Notes 部分。如果为 False，则将完整的 SARIMAX 模型以状态空间的形式放置，以便所有的数据点都可以用于估计。默认是假

（续）

类 名	STATSMODELS.TSA.STATESPACE.SARIMAX.SARIMAX
参数 enforce_stationarity	bool，可选 是否转换 AR 参数以增强模型自回归分量的平稳性。默认是真
参数 enforce_invertibility	bool，可选 是否转换 MA 参数以强制模型的移动平均分量的可逆性。默认是真
参数 hamilton_representation	bool，可选 是否要使用汉密尔顿代表的 ARMA 处理（如果为真）或哈维陈述（如果为假）。默认是假
参数 concentrate_scale	bool，可选 是否要将量表（误差项的方差）集中在可能性之外。这将最大似然估计的参数数量减少 1，但是尺度参数的标准误差将不可用
参数 trend_offset	int，可选 开始时间趋势值的偏移量。默认值是 1，因此如果 trend = 't'，趋势等于 1,2,…,nobs。通常只在扩展以前的数据集创建模型时设置
参数 use_exact_diffuse	bool，可选 是否对非平稳状态使用精确的扩散初始化。默认为 False（在这种情况下使用近似扩散初始化）

现在让我们看看如何将 SARIMAX 模型应用到 ts_data_load 集。在下面的代码示例中，演示了如何执行以下操作：

❑ 准备时间序列数据，用于训练 SARIMAX 时间序列预测模型
❑ 实施一个简单的 SARIMAX 模型来预测时间序列中的下一个 HORIZON 步骤（时间 $t + 1$ 到 $t + $ HORIZON）
❑ 评估模型
❑ 在以下示例代码中，导入了必要的库：

```
# Import necessary libraries
from statsmodels.tsa.statespace.sarimax import SARIMAX
from sklearn.preprocessing import MinMaxScaler
import math
from common.utils import mape
```

此时，需要将数据集分为训练集和测试集，在训练集上训练模型。模型完成训练后，在测试集上评估模型。我们必须确保测试集覆盖的时间比训练集晚，以确保模型不

会从未来时间段的信息中获益。

我们将把 2014 年 9 月 1 日至 10 月 31 日这段时间分配给训练集（两个月），把 2014 年 11 月 1 日至 2014 年 12 月 31 日这段时间分配给测试集（两个月）。由于这是每天的能源消耗，有很强的季节性，但其消耗与最近几天的消耗最为相似。因此，使用相对较短的时间窗口来训练数据就足够了：

```
# Create train set containing only the model features
train = ts_data_load.copy()
        [(ts_data_load.index >= train_start_dt)
        & (ts_data_load.index < test_start_dt)][['load']]
test = ts_data_load.copy()
        [ts_data_load.index >= test_start_dt][['load']]

print('Train data shape: ', train.shape)
print('Test data shape: ', test.shape)
```

我们针对训练集和测试集的数据准备还包括对时间序列进行缩放，以使值落在区间（0，1）内：

```
# Scale train data to be in range (0, 1)
scaler = MinMaxScaler()
train['load'] = scaler.fit_transform(train)
train.head()

# Scale test data to be in range (0, 1)
test['load'] = scaler.transform(test)
test.head()
```

为 SARIMAX 模型指定提前预测的步骤数以及顺序和季节性顺序非常重要：

```
# Specify the number of steps to forecast ahead
HORIZON = 3
print('Forecasting horizon:', HORIZON, 'hours')
```

然后，为 SARIMAX 模型指定顺序和季节性顺序，如以下示例代码所示：

```
# Define the order and seasonal order for the SARIMAX model
order = (4, 1, 0)
seasonal_order = (1, 1, 0, 24)
```

我们最终能够构建并适应模型，如下面的示例代码所示：

```
# Build and fit the SARIMAX model
model = SARIMAX(endog=train, order=order, seasonal_order=seasonal_order)
results = model.fit()

print(results.summary())
```

我们现在执行向前传播验证。在实践中，每次有新数据可用时，时间序列模型都会重新训练。这使模型在每个时间步做出最佳预测。

从时间序列的开始，我们在训练集上训练模型，然后对下一个时间步进行预测，再根据已知值对预测进行评估，扩展训练集以包括已知值，并重复该过程。（请注意，我们保持训练集窗口固定，以便更有效地训练，因此每次向训练集添加新的观测值时，都会从训练集的开头删除观测值。）

这个过程为模型在实践中如何执行提供了更稳健的估计。然而，这是以创建这么多模型为计算代价的。如果数据很小或者模型很简单是可以接受的，否则可能会成为一个大问题。

向前传播是时间序列模型评估的黄金标准，建议自己的项目使用：

```
# Create a test data point for each HORIZON step
test_shifted = test.copy()

for t in range(1, HORIZON):
    test_shifted['load+'+str(t)] = test_shifted['load'].shift
(-t, freq='H')

test_shifted = test_shifted.dropna(how='any')
```

我们可以对测试数据进行预测，并使用更简单的模型（通过指定不同的顺序和季节性顺序）进行演示：

```
%%time
# Make predictions on the test data
training_window = 720

train_ts = train['load']
test_ts = test_shifted
```

```
history = [x for x in train_ts]
history = history[(-training_window):]

predictions = list()

# Let's user simpler model
order = (2, 1, 0)
seasonal_order = (1, 1, 0, 24)

for t in range(test_ts.shape[0]):
    model = SARIMAX(endog=history, order=order, seasonal_order=seasonal_
order)
    model_fit = model.fit()
    yhat = model_fit.forecast(steps = HORIZON)
    predictions.append(yhat)
    obs = list(test_ts.iloc[t])
    # move the training window
    history.append(obs[0])
    history.pop(0)
    print(test_ts.index[t])
    print(t+1, ': predicted =', yhat, 'expected =', obs)
```

将预测值与实际载入值进行比较：

```
# Compare predictions to actual load
eval_df = pd.DataFrame(predictions,
columns=['t+'+str(t) for t in range(1, HORIZON+1)])
eval_df['timestamp'] = test.index[0:len(test.index)-HORIZON+1]
eval_df = pd.melt(eval_df, id_vars='timestamp',
value_name='prediction', var_name='h')
eval_df['actual'] = np.array(np.transpose(test_ts)).ravel()
eval_df[['prediction', 'actual']] = scaler.inverse_transform(eval_
df[['prediction', 'actual']])
```

计算平均绝对百分比误差（MAPE）也很有帮助，它能够以百分比的形式测量所有预测的误差百分比大小，如下所示：

```
# Compute the mean absolute percentage error (MAPE)
if(HORIZON > 1):
    eval_df['APE'] = (eval_df['prediction'] -
        eval_df['actual']).abs() / eval_df['actual']
    print(eval_df.groupby('h')['APE'].mean())
```

为了查看 MAPE 结果，我们打印了单步预测 MAPE 结果和多步预测 MAPE 结果：

```
# Print one-step forecast MAPE
print('One step forecast MAPE: ', (mape(eval_df[eval_df['h']
== 't+1']['prediction'],
eval_df[eval_df['h'] == 't+1']['actual']))*100, '%')

# Print multi-step forecast MAPE
print('Multi-step forecast MAPE: ',
mape(eval_df['prediction'], eval_df['actual'])*100, '%')
```

在本节中，学习了如何构建、训练、测试和验证 SARIMAX 模型的预测解决方案。现在进入下一部分，学习如何利用自动化机器学习方法进行时间序列预测。

4.5　自动化机器学习

在本节中，将学习如何在 Azure 机器学习中使用自动化机器学习语言来训练时间序列预测回归模型（aka.ms/AzureMLservice），设计预测模型类似于使用自动化机器学习语言（aka.ms/AutomatedML）建立典型的回归模型；但是，了解时间序列数据存在哪些配置选项和预处理步骤是很重要的：在自动化机器学习语言中，预测回归任务和回归任务之间最重要的区别是在数据集中包含一个变量作为指定的时间戳列（aka.ms/AutomatedML）。

Python 中的以下示例展示了如何执行以下操作：

❑ 使用自动化机器学习方法为时间序列预测准备数据。
❑ 使用 "AutoMLConfig" 在自动配置对象中配置特定的时间序列参数。
❑ 使用 Azure 机器学习计算训练模型，这是一种托管计算基础架构，可以轻松创建单节点或多节点计算。
❑ 探索工程特性和结果。

如果你正在使用基于云的 Azure 机器学习计算实例，可以使用 Jupyter Notebook 或 JupyterLab experience 开始编码。你可以在 docs.microsoft.com/en-us/azure/machine-learning/how-to-configure-environment 中找到更多关于如何为 Azure 机器学习配置开发环境的信息。

因此，需要通过配置来建立与 Azure 机器学习工作区的连接。你可以访问以下链接来配置 Azure 机器学习工作区，并了解如何在 Azure 机器学习上使用 Jupyter Notebook：

❑ Aka.ms/AzureMLConfiguration

❑ Aka.ms/AzureMLJupyterNotebooks

在下面的例子中，我们设置了重要的资源和包以在 Azure 机器学习上运行自动化机器学习，并管理 Notebook 中最终减弱的消息：

```
# Import resources and packages for Automated ML and time series
forecasting
import logging
from sklearn.metrics import mean_absolute_error, mean_squared_error,
r2_score
from matplotlib import pyplot as plt
import pandas as pd
import numpy as np
import warnings
import os
import azureml.core
from azureml.core import Experiment, Workspace, Dataset
from azureml.train.automl import AutoMLConfig
from datetime import datetime

# manage warning messages
warnings.showwarning = lambda *args, **kwargs: None
```

作为配置的一部分，已经创建了一个 Azure ML 工作区对象（Aka.ms/AzureML-Configuration）。此外，对于自动化机器学习，还需要创建一个实验对象，该对象是用于运行机器学习实验的工作空间中的命名对象：

```
# Select a name for the run history container in the workspace
experiment_name = 'automatedML-timeseriesforecasting'

experiment = Experiment(ws, experiment_name)
output = {}
output['SDK version'] = azureml.core.VERSION
output['Subscription ID'] = ws.subscription_id
output['Workspace'] = ws.name
output['Resource Group'] = ws.resource_group
output['Location'] = ws.location
output['Run History Name'] = experiment_name
```

```
pd.set_option('display.max_colwidth', -1)
outputDf = pd.DataFrame(data = output, index = [''])
outputDf.T
```

计算目标被用来远程执行自动化机器学习实验。Azure 机器学习计算是一种可以创建单节点或多节点计算托管计算基础架构。

在本教程中，我们创建了 Azure 机器学习计算作为训练计算资源。要了解有关如何配置和使用计算目标进行模型训练的更多信息，可以访问 docs.microsoft.com/en-us/azure/machine-learning/how-to-setup training-target。与其他 Azure 服务一样，与 Azure 机器学习服务关联的某些资源（如 Azure 机器学习计算）也有限制。请阅读这篇关于默认限制和如何申请更多配额的文章：aka.ms/AzureMLQuotas。

现在，导入 Azure 机器学习计算和计算目标，并为集群选择一个名称，然后检查工作区中是否已经存在计算目标：

```
# Import AmlCompute and ComputeTarget for the experiment
from azureml.core.compute import ComputeTarget, AmlCompute
from azureml.core.compute_target import ComputeTargetException

# Select a name for your cluster
amlcompute_cluster_name = "tsf-cluster"

# Check if that cluster does not exist already in the workspace
try:
    compute_target = ComputeTarget(workspace=ws, name=amlcompute_
cluster_name)
    print('Found existing cluster, use it.')
except ComputeTargetException:
    compute_config = AmlCompute.provisioning_configuration
(vm_size='STANDARD_DS12_V2', max_nodes=6)
    compute_target = ComputeTarget.create
(ws, amlcompute_cluster_name, compute_config)
compute_target.wait_for_completion(show_output=True)
```

现在定义和准备时间序列数据，以使用自动化机器学习进行预测。对于这个自动化机器学习示例，我们使用了一个纽约市能源需求数据集（mis.nyiso.com/public/P-58 Blist.html）：该数据集包括以表格格式存储的纽约市的消耗数据，其中包括每小时的能源需求和数值天气特征。该实验的目的是通过构建一个利用同一地理区域的历史能源数据的预测解决方案来预测纽约市未来 24 小时的能源需求。

如果你有兴趣探索其他公共数据集和特征（如天气、卫星图像、社会经济数据），并将其添加到该能源数据集以提高机器学习模型的准确率，建议查看 Azure 开源数据集目录：aka.ms/Azure OpenDatasetsCatalog。

对于自动化机器学习实验，我们需要识别目标列，它代表我们想要预测的目标变量。时间列是时间戳列，它定义了数据集的时间结构。最后，还有两个额外的列 temp 和 precip，它们代表了我们可以在预测实验中包含两个额外的数值天气变量：

```
# Identify the target and time column names in our data set
target_column_name = 'demand'
time_column_name = 'timeStamp'
```

此时，我们可以使用 TabularDataset 类（docs.microsoft. com/en-us/python/api/azureml-core/azureml.data.tabulardataset?view=azure-ml-py）。如果要开始使用表格数据集，请参见 aka.ms/tabulardataset-samplenotebook。

```
# load the data set using the TabularDataset class
ts_data = Dataset.Tabular.from_delimited_files
(path = "https://automlsamplenotebookdata.blob.core.windows.net
/automl-sample-notebook-data/nyc_energy.csv")
.with_timestamp_columns(fine_grain_timestamp=time_column_name)
ts_data.take(5).to_pandas_dataframe().reset_index(drop=True)
```

该能源数据集缺少 2017 年 8 月 10 日 5:00 以后所有日期的能源需求值。下面，我们从数据集的末尾减少并删除包含这些缺失值的行：

```
# Delete a few rows of the data set due to large number of NaN values
ts_data = ts_data.time_before(datetime(2017, 10, 10, 5))
```

我们对数据集进行第一次拆分，将数据集分为训练集和测试集：2017 年 8 月 8 日 5:00 之前的数据用于训练，之后的数据用于测试：

```
# Split the data set into train and test sets
train = ts_data.time_before(datetime(2017, 8, 8, 5), include_
boundary=True)
```

```
train.to_pandas_dataframe().reset_index(drop=True)
.sort_values(time_column_name).tail(5)

test = ts_data.time_between(datetime(2017, 8, 8, 6), datetime(2017, 8,
10, 5))
test.to_pandas_dataframe().reset_index(drop=True).head(5)
```

预测范围是模型应该预测的未来时间戳的数量。在本例中，我们将水平线设置为24 小时：

```
# Define the horizon length to 24 hours
max_horizon = 24
```

对于预测任务，自动化机器学习使用特定于时间序列数据的预处理和估计步骤（aka.ms/Automated ML）。它首先检测时间序列采样频率（例如每小时、每天、每周），并为缺失的时间点创建新记录，以使序列连续。然后，它在目标（通过正向填充）和特征列（使用中间列值）中插入缺失值，并创建基于纹理的特征，以在不同系列中实现固定效果。最后，它创建基于时间的特征来帮助学习季节性模式，并将分类变量编码为数字量。要了解关于这个过程的更多信息，请访问 aka.ms/AutomatedML. 页面。

AutoMLConfig 对象定义了自动化机器学习任务所需的配置和数据：数据科学家需要定义标准的训练参数，如任务类型、迭代次数、训练数据和交叉验证次数。对于预测任务，必须设置影响实验的附加参数。表 4.9 总结了每个参数及其用法。

表 4.9　用 AutoML Config 类配置的自动化机器学习参数

性　能	描　述
Task	预测
primary_metric	优化指标
	预测支持以下主要指标： • spearman_correlation • normalized_root_mean_squared_error • r2_score • normalized_mean_absolute_error
blocked_models	blocked_Models 中的模型不会被 AutoML 使用
experiment_timeout_hours	实验终止前的最长时间（以小时计）

（续）

性　　能	描　　述
training_data	实验中使用的训练数据
label_column_name	标签列的名称
compute_target	远程训练计算机
n_cross_validations	交叉验证分割的次数。滚动原点验证用于以暂时一致的方式将时间序列分割
enable_early_stopping	如果分数在短期内没有改善，则可以提前终止
time_column_name	时间列的名字
max_horizon	预测过去的训练数据的周期数。周期是根据数据推断出来的

下面的代码展示了如何在 Python 中设置这些参数。具体来说，将使用 blacklist_models 参数来排除某些模型。可以选择从 blacklist_models 列表中删除模型，并增加 experiment_timeout_hours 参数值，以查看自动化机器学习结果：

```
# Automated ML configuration
automl_settings = {
    'time_column_name': time_column_name,
    'max_horizon': max_horizon,
}

automl_config = AutoMLConfig(task='forecasting',
                             primary_metric='normalized_root_mean_
                             squared_error',
                             blocked_models =
                              ['ExtremeRandomTrees',
                              'AutoArima', 'Prophet'],
                             experiment_timeout_hours=0.3,
                             training_data=train,
                             label_column_name=target_column_name,
                             compute_target=compute_target,
                             enable_early_stopping=True,
                             n_cross_validations=3,
                             verbosity=logging.INFO,
                            **automl_settings)
```

现在，我们在实验对象上调用 submit 方法并传递运行配置。根据数据和迭代次数，这可能会运行一段时间。可以指定 show_output = True 来将当前运行的迭代打印到控制台：

```
# Initiate the remote run
remote_run = experiment.submit(automl_config, show_output=False)
remote_run
```

下面使用 get_output 方法从所有训练中迭代选择最佳模型：

```
# Retrieve the best model
best_run, fitted_model = remote_run.get_output()
fitted_model.steps
```

对于自动化机器学习中的时间序列任务类型，可以从特征工程流程中查看详细信息。以下代码显示了每个原始特征以及下列属性：

- ❏ 原始特征名称
- ❏ 由该原始特征形成的工程特征的数量
- ❏ 检测到的类型
- ❏ 特征是否被删除
- ❏ 原始特征的特征转换列表

```
# Get the featurization summary as a list of JSON
featurization_summary = fitted_model.named_steps['timeseriestransformer']
.get_featurization_summary()

# View the featurization summary as a pandas dataframe
pd.DataFrame.from_records(featurization_summary)
```

现在，我们已经为预测场景选择了最佳模型，它可以用于对测试数据进行预测。首先，我们需要从测试集中移除目标值：

```
# Make predictions using test data
X_test = test.to_pandas_dataframe().reset_index(drop=True)
y_test = X_test.pop(target_column_name).values
```

对于预测，我们将使用 Python forecast 函数，如以下示例代码所示：

```
# Apply the forecast function
y_predictions, X_trans = fitted_model.forecast(X_test)
```

为了评估预测的准确率，我们将其与实际能源值进行比较，并使用 MAPE 度量进行评估。我们还使用 align_outputs 函数来将输出显式地与输入对齐：

```
# Apply the align_outputs function
# in order to line up the output explicitly to the input
from forecasting_helper import align_outputs
from azureml.automl.core._vendor.automl.client.core.common import
metrics
from automl.client.core.common import constants

ts_results_all = align_outputs
(y_predictions, X_trans, X_test, y_test, target_column_name)

# Compute metrics for evaluation
scores = metrics.compute_metrics_regression(
    ts_results_all['predicted'],
    ts_results_all[target_column_name],
    list(constants.Metric.SCALAR_REGRESSION_SET),
    None,
    None,
    None)
```

在本节中，学习了如何在时间序列场景使用自动化机器学习。要了解更多如何使用自动化机器学习方法进行分类、回归和预测，可以访问 aka.ms/AutomatedML。

4.6 总结

在本章中，学习了如何使用自回归方法和 Azure 机器学习中的自动化机器学习方法来训练时间序列预测回归模型。

具体来说，我们研究了以下方法：

❑ *自回归*。该时间序列技术假设下一个时间戳的未来观测值与前一个时间戳的观测值呈线性关系。

❑ *移动平均*。该时间序列技术利用回归方法中以前的预测误差来预测下一个时间戳的未来观测值。与自回归技术一起，移动平均方法是更一般的自回归移动平均和差分自回归移动平均模型（它们呈现更复杂的随机配置）的关键元素。

❑ *自回归移动平均*。该时间序列技术假设下一个时间戳的未来观测值可以表示为先前时间戳的观测值和残差的线性函数。

❑ 差分自回归移动平均。该时间序列技术假设下一个时间戳的未来观测值可以表示为先前时间戳的差分观测值和残差的线性函数。

❑ 自动化机器学习。该时间序列技术组合不同的机器学习算法进行时间序列预测，同时为场景执行最佳模型选择、超参数调整和特征工程。

在第 5 章中，我们将学习如何在时间序列场景中使用深度学习方法。

第 5 章

基于神经网络的时间序列预测

正如前几章中讨论的那样，在许多行业中，准确预测未来序列的能力至关重要，而金融、供应链和制造业只是其中的几个例子。经典的时间序列技术已经在这些行业中使用了几十年。但是现在，深度学习方法（与计算机视觉和机器翻译领域的方法相同）也具有彻底改变时间序列预测的潜力。

由于深度学习神经网络适用于现实生活中的许多问题，例如欺诈检测、垃圾邮件过滤、财务和医疗诊断，并具有产生可操作结果的能力，近年来受到了许多关注。已开发了一些深度学习方法并将其应用于单变量时间序列预测场景，其中时间序列由在等时间增量上按顺序记录的单个观测数据组成（Lazzeri 2020）。

因此，深度学习方法的表现往往不如经典的预测方法，如差分自回归移动平均模型（ARIMA）。这就导致了一种普遍的误解，认为深度学习模型在时间序列预测场景中效率低下，并且许多数据科学家怀疑是否真的有必要在时间序列工具包中添加另一类方法，如卷积神经网络（CNN）或循环神经网络（RNN）（Lazzeri 2020）。在本章中，我们将讨论数据科学家在构建时间序列预测方法时仍可能会考虑深度学习的一些实际原因。

5.1 将深度学习用于时间序列预测的原因

机器学习的目标是提取特征来训练模型。模型将输入数据（例如图片、时间序列或音频）转换为给定的输出（例如字幕、价格值或转录）。深度学习是机器学习算法的子集，它通过将输入数据表示为向量并将其通过一系列线性代数运算转换为给定的输出来学习并提取特征。为了进一步阐明深度学习和机器学习之间的区别，我们首先分别定义这两个研究领域：

1. 机器学习是一种使用算法来分析数据，从中学习并随后使用此数据对某种现象做出一些预测的实践。这个学习过程通常基于以下步骤：

- ❏ 向算法中填充数据。
- ❏ 使用这些数据来从以前的观测值中学习并训练数据。
- ❏ 运行测试来检查模型是否从以前的观测值中进行了足够的学习并对其性能进行评估。
- ❏ 如果模型表现良好（基于我们的期望和要求），我们将其部署并投入生产阶段，以供组织中或企业外部的其他利益相关者使用。
- ❏ 最后，使用部署的模型来执行某些自动化的预测任务。

2. 深度学习是机器学习的一个子集。深度学习算法基于人工神经网络，是一种特定类型的机器学习算法。在这种情况下，其学习过程基于与机器学习相同的步骤，但之所以称为深度学习，是因为算法的结构基于人工神经网络。人工神经网络由多个输入、输出和隐含层组成，其中包含一些单元。一旦部署了深度学习模型，这些单元就可以就将输入数据转换为一些信息，供下一层用于执行某些自动化预测任务。

比较机器学习和深度学习并了解其主要差异很重要。表 5.1 总结了这两种技术的主要区别。

表 5.1　机器学习和深度学习的主要区别

特征类别	所有机器学习算法	仅深度学习算法
数据点数	可以使用少量数据进行预测	需要使用大量的训练数据进行预测
硬件依赖性	可以在低端机器上工作，不需要大量的计算能力	依赖于高端机器。其本质是执行大量矩阵乘法运算。GPU 可以有效地优化这些操作
特征工程	要求用户准确识别和创建特征	从数据中学习高级特征，并自行创建新特征

（续）

特征类别	所有机器学习算法	仅深度学习算法
学习方法	将学习过程分为较小的步骤。然后将每个步骤的结果合并为一个输出	通过端到端解决问题来完成学习过程
运行时间	训练时间相对较短，从几秒钟到几小时不等	由于深度学习算法涉及很多层，因此通常需要很长时间来训练
输出	输出通常是一个数值，例如得分或分类	输出可以具有多种格式，例如文本、乐谱或声音

来源：aka.ms/deeplearningvsmachinelearning

然后，数据科学家使用损失函数来评估输出是否符合预期。该过程的目标是通过每次训练输入的损失函数的结果来引导模型提取特征，而这些特征将在下次训练过程中得到较低的损失值（Lazzeri 2019a）。深度学习神经网络具有三个主要的内在特性：

❑ 深度学习神经网络能够自动从原始数据中学习和提取特征。

❑ 深度学习支持多个输入和输出。

❑ 循环神经网络，特别是长短期记忆（LSTM）网络和门控循环单元（GRU），擅长提取跨越相对较长序列的输入数据中的模式。

由于这三个特性，深度学习可以帮助数据科学家处理更复杂但十分普遍的问题，例如时间序列预测（Lazzeri 2019a）。

5.1.1   深度学习神经网络能够自动从原始数据中学习和提取特征

时间序列是一种衡量事物如何随时间变化的数据类型。在时间序列数据集中，时间不仅仅是一个度量标准，而且是一个主轴。由于这个额外维度可以提供额外的信息源，但是由于需要专门处理数据，使时间序列问题更具挑战性，因此其对于时间序列数据来说既是机会也是限制（Lazzeri 2019a）。

此外，这种时间结构可以携带其他信息（如趋势和季节性）。数据科学家需要处理这些信息，方便使用任何类型的经典预测方法来对其时间序列进行建模。神经网络对于时间序列预测问题很有帮助。因为它消除了对特征工程过程、数据缩放过程的大量迫切需求以及通过差分使数据保持稳定。

在实际的时间序列场景中，如天气预报、空气质量和交通流量预测以及基于流物联网设备（如地理传感器）的预测场景，不规则时间结构、缺失值和重噪声以及多个变量之间的复杂相互关系限制了当前经典预测方法。

这些技术通常要依靠干净、完整的数据集才能表现良好，不支持缺失值、异常值和其他不完善的特征。对于经过人工处理的完善数据集，经典的预测方法基于以下假设：数据集的变量之间存在线性关系和固定的时间依赖性。在默认情况下，该假设排除了探索更复杂、可能更有趣的变量之间关系的可能性。

数据科学家在为经典分析准备数据时必须做出主观判断，例如用于消除趋势的滞后时间，这不仅费时又在流程中引入了人为偏见。相反，神经网络对于输入数据和映射函数中的噪声具有鲁棒性，甚至在存在缺失值的情况下也可以支持学习和预测。卷积神经网络（CNN）已被证明在图像识别和分类等领域非常有效。除了为机器人和自动驾驶汽车的视觉提供动力外，CNN 还成功地完成了面部、物体和交通标志的识别。CNN 的名称源自卷积运算（Lazzeri 2019a）。

对于 CNN，卷积的主要目的是从输入图像中提取特征。卷积通过在输入数据的一小块区域中学习图像特征来保留像素之间的空间关系。换句话说，模型可以学习如何从原始数据中自动提取对解决问题直接有用的特征，这就是表示学习。不论特征如何出现在数据中，CNN 都通过同样的方式进行特征提取，称为变换或平移不变性，以此来实现表示学习。CNN 的学习能力和自动从原始输入数据中提取特征的能力可以应用于时间序列预测问题。

将一系列的观测值当成一维图像进行处理，CNN 可以读取并从中提取出最相关的元素。CNN 的这种功能已对时间序列分类任务（如室内运动预测、通过无线传感器强度数据来预测建筑物内对象的位置和运动）产生了巨大影响（Lazzeri 2019a）。

5.1.2　深度学习支持多个输入和输出

由于一些原因（如有多个输入变量、需要预测多个时间步及需要对多个物理站点执行相同类型的预测），现实世界中的时间序列预测仍具有挑战性。深度学习算法可以应用于时间序列预测问题并具有一些优势，如处理有复杂依赖的多个输入变量（Lazzeri 2019a）。

具体而言，我们可以在映射函数中配置神经网络，使其支持任意固定数量的输入和输出。这意味着神经网络可以直接支持多个输入变量，为多变量预测提供直接支持。顾名思义，单变量时间序列是具有单个时间相关变量的序列。例如，我们要预测特定位置的下一次能源消耗值：在单变量时间序列场景中，数据集将基于两个变量，即时间和历史能源消耗观测值（Lazzeri 2019a）。

多变量时间序列具有多个与时间有关的变量。每个变量不仅取决于其过去的值，而且对其他变量也有一定的依赖性，并将此依赖关系用于预测未来值。我们再次考虑以上示例。

现在假设数据集包括天气数据，如温度值、露点、风速和云量百分比以及过去四年的能源消耗值。在这种情况下，要考虑多个变量以最佳地预测能源消耗值。这样的序列属于多元时间序列。

利用神经网络，可以指定任意数量的输出值，为更复杂的时间序列场景提供直接支持，这些场景可能需要多变量预测甚至多步预测方法。将深度学习用于多步预测的主要方法有两种：

- ❑ 直接：开发单独的模型来预测每个预测的前置时间。
- ❑ 递归：开发一个模型来进行单步预测，并循环使用该模型，其中先前的预测用作输入以预测后续的前置时间。

当预测一个短的连续前置时间时，递归方法可能有意义，而当预测不连续的前置时间时，直接方法可能更有意义。当我们需要预测几天内多个连续和不连续的前置时间的混合时，直接方法可能更合适。例如，空气污染预测问题或对预期的运输预测就是这种情况，用于预测客户的需求然后自动运输产品（Lazzeri 2019a）。

使用深度学习算法进行时间序列预测的关键是多个输入数据的选择。我们可以考虑三个主要数据源，这些数据源可用作输入并映射到目标变量的每个预测前置时间：

- ❏ 单变量数据：如来自预测目标变量的滞后观测值。
- ❏ 多变量数据：如来自其他变量的滞后观测值（例如，在空气污染预报问题时的天气和目标）。
- ❏ 元数据：如有关预测日期或时间的数据。此类数据可以提供对历史模式的更多见解，有助于创建更丰富的数据集和进行更准确的预测（Brownlee 2017）。

5.1.3 循环神经网络擅长从输入数据中提取模式

循环神经网络（RNN）始于 20 世纪 80 年代，但由于图形处理单元的计算能力增强，其最近才开始流行。循环神经网络对于顺序数据特别有用，因为每个神经元或单元都可以使用其内部存储器来保存与之前输入有关的信息。RNN 中具有循环结构，可以在读取输入时跨神经元传递信息。

但是，简单的循环网络存在一个基本问题，无法捕获序列中的长期依赖关系。这是之前人们在实践中逐渐放弃 RNN 的主要原因，直到在神经网络内部使用 LSTM 单元获得了不错的结果，RNN 才开始重新被关注。将 LSTM 添加到网络就像添加一个可以从开始输入就记住上下文的存储单元（Lazzeri 2019a）。

LSTM 神经网络是 RNN 的一种特殊类型，具有一些内部上下文状态单元，它们充当长期或短期记忆单元。LSTM 网络的输出由这些单元的状态进行控制。当我们需要神经网络的预测依赖于输入的历史上下文而不是仅依赖于最后的输入时，这些状态是非常重要的属性。LSTM 为包含观测值序列的输入数据增加了原生支持。对于要被近似表示的函数，添加的序列是一个新的维度。LSTM 网络不是将单个输入直接映射为输出，而是学习一个映射函数来将过去整个时间的输入映射为输出。

我们可以通过视频处理这一有效的例子来了解 LSTM 网络的工作原理：在电影中，当前帧发生的事情很大程度上取决于上一帧中发生的事情。在一段时间内，LSTM 网络尝试从过去需要保存的内容与其信息量中学习，并从当前状态中学习到需要保存的信息量，这使其与其他类型的神经网络相比功能更强大（Lazzeri 2019a）。

这个功能可用于预测任何时间序列的上下文。在上下文中，从数据中自动学习时间依赖性将非常有帮助。在最简单的情况下，LSTM 一次只把序列中的一个观测值作为输入，并且可以学习到先前观测值的重要性，以及其与预测的相关性。模型既可以学习从输入到输出的映射，也可以学习到输入序列中的哪些上下文对映射有用，并且可以根据需要动态更改上下文。

在金融业中这种方法经常用于构建预测汇率的模型。这是基于认为过去汇率的行为和模式可能会影响货币走势并可以用来预测未来汇率的行为和模式的观点实现的。另一方面，在实现神经网络体系结构时，数据科学家需要注意一些缺点：模型需要大量的数据、超参数的调整和多个优化周期。

在本节中，我们讨论了三种神经网络功能，这些功能可以在数据科学家处理更复杂但仍然非常普遍的问题（例如时间序列预测）时提供很多帮助。在下一节中，我们将深入研究一些基本概念，以更好地了解神经网络如何用于时间序列预测（Lazzeri 2019a）。

5.2　基于循环神经网络的时间序列预测

循环神经网络（RNN）也称为自联想记忆网络或反馈网络，属于人工神经网络，其中单元之间的连接形成有向循环。这些有向循环构成了网络的内部状态，使其表现出动态的时间行为（Poznyak、Oria 和 Poznyak 2018）。

RNN 可以利用其内部存储器来处理输入序列。不是将单个输入直接映射为输出，而是学习一个映射函数来将过去整个时间的输入映射为输出。在许多有时间序列或顺序数据的应用中（包括机器翻译和语音识别），RNN 已证明可实现最先进的结果。

特别来讲，LSTM 是一种 RNN 结构，其在不同的时间处理任务上表现特别出色，并且成功解决了输入数据中时间延迟过大的问题。LSTM 网络具有一些不错的属性，例如强大的预测性能、捕获长期时间依存关系和支持可变长度观测值的能力（Che 等 2018）。

利用定制的 RNN 模型和 LSTM 模型的强大功能，可以有效地对时间序列数据进行建模：在本节中，你将看到 RNN、LSTM 和 Python 如何帮助数据科学家为用于时间序列预测解决方案建立准确模型。

5.2.1　循环神经网络

RNN 是具有隐含状态和循环的神经网络，可以使信息随时间持续存在。在本节中，将介绍循环单元的概念及其存储方式，以及如何将其用于处理序列数据（例如时间序列）。

其他不同类型的神经网络（例如前馈网络）在训练过程中从上下文和历史中学习以进行预测；RNN 使用隐含状态（或记忆）的思想，通过将每个神经元更新为一个新的计算单元，而计算单元能够存储以前看到的内容，以便能够生成结果或预测（Bianchi 等 2018）。

记忆以数组或向量的形式被保存在单元内部，因此，当单元读取输入时，它还会处理记忆的内容，与信息进行结合。通过同时使用这两个信息（来自输入和记忆），单元现在能够进行预测（Y）并更新记忆本身，如图 5.1 所示。

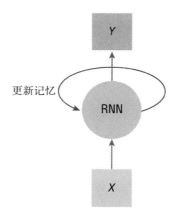

图 5.1　循环神经网络单元

RNN 单元之所以表示为循环的，是因为当前值对前一事件的依赖性类型是循环的，可以将其视为同一节点的多个副本，每个副本都将循环信息传输到后继副本。让我们在图 5.2 中可视化此循环关系。

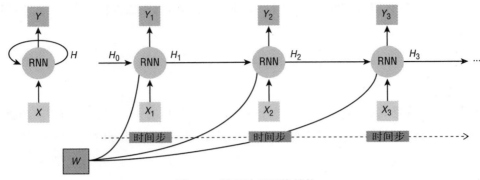

图 5.2　循环神经网络结构

图 5.2 表示了 RNN 结构。 RNN 具有一个内部隐含状态，表示为 H，可以将其反馈给网络。在此图中，RNN 处理输入值 X 并产生输出值 Y。隐含状态（表示为 H）允许信息从网络的一个节点转发到下一个节点（按序列或向量组织）。向量现在具有与当前输入和先前输入有关的信息，通过 tanh 激活，输出为新的隐含状态。tanh 激活用于调节通过网络的值，并且始终将值保持在 –1 到 1 之间。RNN 由于这种结构，是一个不错的模型选择，可用于尝试解决各种序列问题，例如时间序列预测、语音识别或图像字幕等（Bianchi 2018）。

在图 5.2 中，还有一个标记为 W 的元素。W 表示每个单元具有三组权重，一组用于输入（X），一组用于上一个时间步（H），剩余一组用于当前时间步的输出（Y）。这些权重值由训练过程确定，可以通过应用一种流行的优化技术（称为梯度下降）来实现。

简单来说，梯度是函数的斜率，可以将其定义为一组相对于其输入的偏导数的参数。梯度下降是用于更新神经网络权重的函数：该函数表示要使用神经网络并选择适当的参数来更新这些神经网络权重以解决问题。为了计算梯度下降，需要计算损失函数及其相对于权重的导数。从函数上的随机点开始，然后在函数梯度的负方向上移动，以到达函数的最小值（Zhang 等 2019）。

在图 5.2 中，我们将相同的权重应用于输入序列中的不同项目，这意味着在输入时共享参数。如果不能在输入时共享参数，那么 RNN 就像普通的神经网络一样，每个输入节点都需要自己的权重。相反，RNN 可以利用其隐含状态属性，该属性将当前输入绑定到下一个输入，并将此输入连接合并为串行输入。

尽管 RNN 具有巨大的潜力，但由于其仅具有短期记忆功能，因此存在一些局限性。例如，如果输入序列足够长，则其无法将信息从较早的时间步传递到较晚的时间步。并且在反向传播过程中，RNN 通常从序列的开始就遗漏了重要信息。我们将此问题称为梯度消失问题，如图 5.3 所示。

在反向传播期间，因为随着时间反向传播，其梯度会减小，因此循环神经网络会遇到梯度消失的问题。如果梯度值变得非常小，则无法为网络学习过程做出贡献。LSTM 通过对 RNN 结构进行更改（计算输出和隐含状态使用输入的方式）来解决此问题：具体地说，LSTM 在结构中引入了称为门和单元状态的其他元素。LSTM 有很多变体，我们将在下一节中更详细地讨论它们。

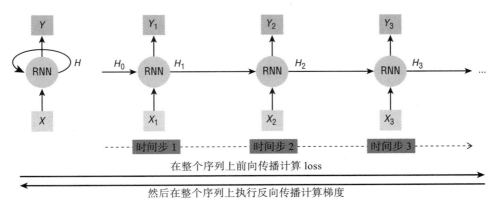

图 5.3　循环神经网络中的反向传播过程来计算梯度

5.2.2　长短期记忆

LSTM 能够学习长期依赖关系，这在对时间序列数据建模时非常有用。如 5.2.1 节所述，LSTM 有助于保留误差，这些误差可以在时间维度上和网络各层之间反向传播，而不会丢失重要信息：LSTM 具有称为门和单元状态的内部机制，可以控制信息流（Zhang 等 2019）。

单元决定信息的选择、信息量以及存储和释放的时机：其通过预测、反向传播误差和用梯度下降调整权重的迭代过程来学习何时允许信息进入、离开或删除。图 5.4 说明了信息如何流过一个单元并由不同的门控制。

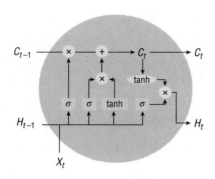

$$遗忘门: f = \sigma(W_f \cdot [H_{t-1}, X_t])$$
$$输入门: i = \sigma(W_i \cdot [H_{t-1}, X_t])$$
$$新单元状态: g = \tanh(W_h \cdot [H_{t-1}, X_t])$$
$$输出门: o = \sigma(W_o \cdot [H_{t-1}, X_t])$$

$$隐含单元状态: C_t = f \times C_{t-1} + i \times g$$
$$隐含状态: H_t = O \times \tanh(C_t)$$

图 5.4   信息如何流过单元并由不同的门控制

在图 5.4 中，重要的是要注意 LSTM 记忆单元在信息的传输和输入的转换中利用加法和乘法。本质上，加法操作是 LSTM 的秘密所在：当必须进行深度反向传播时，它会保持恒定的误差。LSTM 将两者相加，而不是通过将当前状态与新输入相乘来影响下一个单元状态。而遗忘门依赖于乘法操作。

我们使用输入门来更新单元状态。来自先前隐含状态和当前输入的信息将通过 sigmoid 函数以获得 0 到 1 之间的值：越接近 0 表示遗忘，越接近 1 表示记住。正如图 5.4 中，虽然 LSTM 擅长保存信息并将信息从遥远的事件传输到最终输出，它们也具有遗忘门的功能。遗忘门决定应该遗忘什么信息以及应该记住和传输什么信息。

最后，我们使用输出门来决定下一个隐含状态。首先，将先前的隐含状态和当前输入传递到 sigmoid 函数中。然后，新修改的单元状态通过 tanh 函数。将 tanh 函数的输出与 sigmoid 函数输出相乘，以确定隐含状态应保留哪些信息（Zhang 等 2019）。

在 5.2.3 节中，我们将讨论一种称为门控循环单元的特定类型 LSTM 网络：其旨在解决标准循环神经网络所伴随的梯度消失问题。由 KyungHyun Cho 和他的同事在 2014 年（Cho 等 2014）提出的门控循环单元是 LSTM 网络的精简版本，通常可提供相当的性能，并且计算速度明显更快。

5.2.3　门控循环单元

在 5.2.2 节中，我们讨论了如何在循环神经网络中计算梯度。特别是，可以看到较长的矩阵乘积会导致梯度消失或发散。GRU 也可以视为 LSTM 的变体，因为两者的设计相似，并且在某些情况下，产生的效果也同样出色。

GRU 网络不利用单元状态，而是使用隐含状态来传输信息。与 LSTM 不同，GRU 网络仅包含三个门，并且不保存内部单元状态。在 LSTM 循环单元的内部单元状态存储的信息被合并到 GRU 的隐含状态中。合并后的信息将聚合并传输到下一个 GRU（Cho 等 2014）。

前两个门（重置门和更新门）有助于解决标准 RNN 的梯度消失问题：这些门是两个向量，用于确定应将哪些信息传递给输出（Cho 等 2014）。其独特之处在于可以对它们进行训练以保留很久以前的信息，而不会随时间丢失或者删除与预测无关的信息。

❑ 更新门：更新门可帮助模型确定需要将多少过去的信息（来自先前的时间步）传递给将来。这是一个强大的功能，因为该模型可以决定复制过去的所有信息，并消除梯度消失问题的风险。

❑ 重置门：重置门是用于确定要忘记多少过去信息的。

最后是第三个门：

❑ 当前记忆门：当前记忆门被合并到重置门中，用于在输入中产生某些非线性并生成输入零均值。将其合并到重置门的另一个目的是减少先前信息对传递给未来的当前信息的影响（Cho 等 2014）。

GRU 是解决循环神经网络中梯度消失问题的一种非常有用的机制。当梯度变小时，梯度消失问题会在机器学习中发生，阻止权重值的调整。

在下一节中，我们将讨论如何为 LSTM 和 GRU 准备时间序列数据。时间序列数据需要先准备，然后才能用于训练监督学习模型，例如 LSTM 神经网络。时间序列数据集必须转换为具有输入和输出成分的样本。

5.2.4　如何为 LSTM 和 GRU 准备时间序列数据

时间序列数据集需要进行转换，然后才能用于适应监督学习模型。正如在第 3 章

中所了解的,首先需要将时间序列数据加载到 pandas DataFrame 中,以便执行以下操作:

1. 在时间戳上对数据建立索引以进行基于时间的过滤。

2. 在带有命名列的表中可视化数据。

3. 识别缺失的时期和缺失的值。

4. 创建前导、滞后和其他变量。

此外,时间序列数据需要转换为两个张量,如图 5.5 所示。

图 5.5　将时间序列数据转换为两个张量

从图 5.5 中可以看到,样本数量、时间步和特征代表进行预测所需的条件(X),而样本和范围代表进行的预测(Y)。如果我们以单变量时间序列问题为例(例如,如果我们要预测下一个能源负荷量),而我们对单步预测(例如,下一小时)感兴趣,那么前一个时间步的观测值(例如,前四小时的四个能源负荷值,即滞后观测值)被用作输入,输出是下一时间步的观测值(范围),如图 5.6 所示。

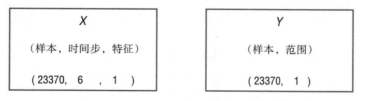

图 5.6　将单变量时间序列问题的时间序列数据转换为两个张量

首先,需要将数据集划分为训练集、验证集和测试集。通过这种方式,可以执行以下重要步骤:

1. 在训练集上训练模型。

2. 然后，在每个训练时期之后，将验证集用于评估模型，并确保模型不会过度拟合训练数据。

3. 模型完成训练后，在测试集中评估模型。

4. 在处理时间序列数据时，重要的是要确保验证集和测试集都覆盖了来自训练集的之后时间段，以使模型不会从将来的时间戳信息中受益。

首先，导入所有必需的 Python 库和函数：

```
# Import necessary libraries
import os
import warnings
import matplotlib.pyplot as plt
import numpy as np
import pandas as pd
import datetime as dt
from collections import UserDict
from sklearn.preprocessing import MinMaxScaler
from IPython.display import Image
%matplotlib inline

from common.utils import load_data, mape

pd.options.display.float_format = '{:,.2f}'.format
np.set_printoptions(precision=2)
warnings.filterwarnings("ignore")
```

对于能源预测案例，我们将 2014 年 11 月 1 日至 2014 年 12 月 31 日期间的数据划分为测试集。2014 年 9 月 1 日至 10 月 31 日期间的数据划分为验证集。所有其他时间段均可用于训练集：

```
valid_st_data_load = '2014-09-01 00:00:00'
test_st_data_load = '2014-11-01 00:00:00'

ts_data_load[ts_data_load.index < valid_st_data_load][['load']].rename
(columns={'load':'train'}) \
    .join(ts_data_load[(ts_data_load.index >=valid_st_data_load)
& (ts_data_load.index < test_st_data_load)][['load']] \
        .rename(columns={'load':'validation'}), how='outer') \
```

```
    .join(ts_data_load[test_st_data_load:][['load']]
.rename(columns={'load':'test'}), how='outer') \
    .plot(y=['train', 'validation', 'test'], figsize=(15, 8),
fontsize=12)
plt.xlabel('timestamp', fontsize=12)
plt.ylabel('load', fontsize=12)
plt.show()
```

上面的代码示例将绘制出训练集、验证集和测试集，如图 5.7 所示。

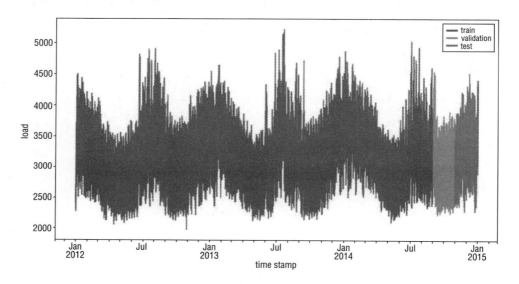

图 5.7　ts_data_load 训练集、验证集和测试集

如下面的示例代码所示，我们将 T（滞后变量的数量）设置为 6。这意味着每个样本的输入都是前 6 个小时负荷值的向量。$T = 6$ 的选择是任意的；你应该先咨询业务专家，然后尝试不同的选择。我们还将范围设为 1，因为我们只有兴趣预测 ts_data_load 数据集的下一小时（$t + 1$）的输出：

```
T = 6
HORIZON = 1
```

数据集准备工作包括以下步骤（如图 5.8）。

在下面的示例代码中，说明了如何执行此数据准备过程的前四个步骤：

```
# Step 1: get the train data from the correct data range
train = ts_data_load.copy()[ts_data_load.index < valid_st_data_load]
[['load']]

# Step 2: scale data to be in range (0, 1).
scaler = MinMaxScaler()
train['load'] = scaler.fit_transform(train)

# Step 3: shift the dataframe to create the input samples
train_shifted = train.copy()
train_shifted['y_t+1'] = train_shifted['load'].shift(-1, freq='H')
for t in range(1, T+1):
    train_shifted[str(T-t)] = train_shifted['load'].shift(T-t, freq='H')
y_col = 'y_t+1'
X_cols = ['load_t-5',
          'load_t-4',
          'load_t-3',
          'load_t-2',
          'load_t-1',
          'load_t']
train_shifted.columns = ['load_original']+[y_col]+X_cols

# Step 4: discard missing values
train_shifted = train_shifted.dropna(how='any')
train_shifted.head(5)
```

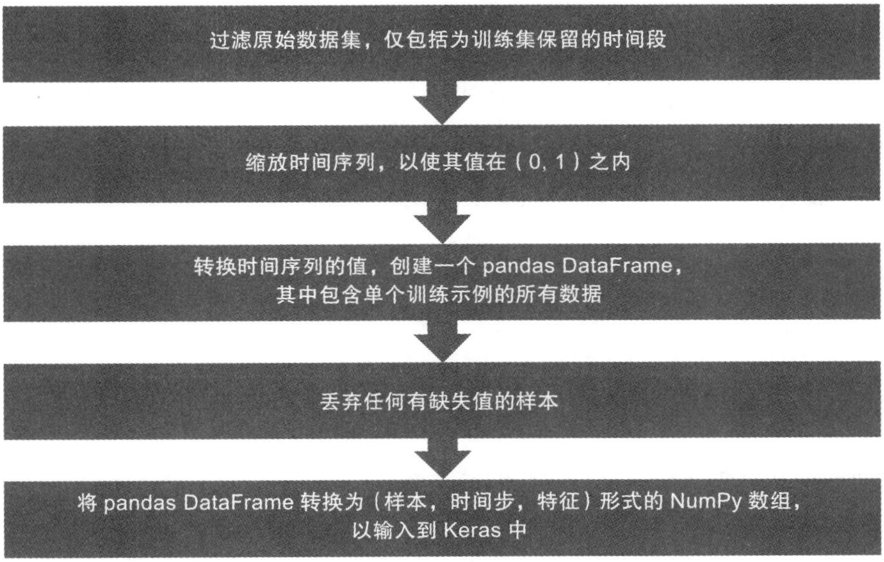

图 5.8　ts_data_load 训练集的数据准备步骤

现在，我们需要执行数据准备过程的最后一个步骤，并将目标和输入特征转换为 NumPy 数组。X 必须为（样本，时间步，特征）的形式。在 ts_data_load 数据集中，我们有 23370 个样本，6 个时间步和 1 个特征（负荷）：

```
# Step 5: transform this pandas dataframe into a numpy array
y_train = train_shifted[y_col].as_matrix()
X_train = train_shifted[X_cols].as_matrix()
```

此时，我们准备将 X 输入重新构造为三维数组，如下示例代码所示：

```
X_train = X_train.reshape(X_train.shape[0], T, 1)
```

现在，我们有了目标变量形状的向量：

```
y_train.shape
```

输入特征的张量现在具有以下形状：

```
X_train.shape
```

最后，需要按照上述的相同过程和步骤进行操作构建验证数据集，并从训练集中保留 T 小时，以构建初始特征。

在本节中，学习了将时间序列数据集转换为适合 LSTM 或 GRU 模型的三维结构方法。具体来说，学习了如何将时间序列数据集转换为二维监督学习格式，以及如何将二维时间序列数据集转换为适合 LSTM 和 GRU 的三维结构。

在 5.3 节中，将学习如何开发一个用于时间序列预测问题的 GRU 模型。

5.3   如何开发用于时间序列预测的 GRU 和 LSTM

LSTM 和 GRU 模型都可以应用于时间序列预测。在本节中，将探索如何为时间序列预测方案开发 GRU 模型。本节分为四个部分：

❑ Keras：将学到关于 Keras 的时间序列预测功能的概述：Keras 是一个用 Python

编写的开源神经网络库。它能够在 TensorFlow 等不同的深度学习工具上运行。

❏ TensorFlow：TensorFlow 是一个用于高性能数值计算的开源软件库。其灵活的体系结构允许在各种平台上轻松进行模型构建和计算部署。

❏ 单变量模型：单变量时间序列是指由按相等时间增量顺序记录的单个（标量）观测值组成的时间序列。在本节中，将学习如何将 GRU 模型应用于单变量时间序列数据。

❏ 多变量模型：多变量时间序列具有多个时间相关变量。每个变量不仅取决于其过去的值，而且对其他变量也有一定的依赖性。在本节中，学习如何将 GRU 模型应用于多变量时间序列数据。

5.3.1　Keras

Keras 是一个 Python 封装库，能够在各种深度学习工具（例如 TensorFlow）上运行。最重要的是，Keras 是一个支持卷积网络和循环网络的 API，可在中央处理器（CPU）和图形处理器（GPU）上无缝运行。此外，Keras 是基于四种指导思想开发的（Nguyen 等 2019）：

❏ 用户友好且简洁：Keras 是一个设计时考虑了用户体验的 API，并提供一致且简单的 API 来构建和训练深度学习模型。

❏ 模块化：在使用 Keras 时，数据科学家需要将模型开发周期视为一个模块化过程。在此过程中，可以轻松利用独立组件（例如神经层、损失函数、优化器、激活函数）并以不同方式组合以创建新模型。

❏ 易于扩展：与先前的原则相关，Keras 的第三条原则是为用户提供扩展和向现有模块添加新模块的能力，以缩短模型开发周期。

❏ 使用 Python：如前所述，Keras 是一个 Python 封装库，其模型在 Python 代码（keras.io）中定义。

如图 5.9 所示，使用 Keras 开发深度学习模型的第一步是定义模型。模型的主要类型是称为序列层的一系列网络层，其由多层线性堆叠。

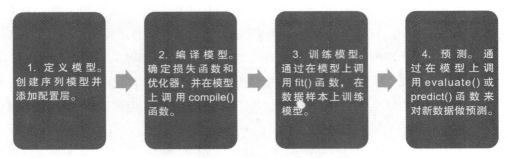

图 5.9　Keras 中深度学习模型的开发

定义模型后，第二步是关于模型的编译，此步骤将利用基础框架来优化需要模型执行的计算。编译后，模型必须拟合数据（使用 Keras 进行深度学习模型开发的第三步）。最后，一旦经过训练，就可以使用模型对新数据进行预测。

在本节中，探索了用于深度学习研究和开发的 Keras Python 库。在 5.3.2 节中，将学习 TenosrFlow 的基本原理，以及在进行大规模分布式训练和推理时数据科学家选择 TensorFlow 的原因。

5.3.2　TensorFlow

TensorFlow 是一个使用数据流图进行数值计算的开源库。其由 Google Brain 团队创建和维护，并根据 Apache 2.0 开源许可发布。TensorFlow 的最有益功能之一是数据科学家可以通过 TensorFlow 使用高级 Keras API 来训练模型，这使 TensorFlow 和机器学习的入门变得容易（tensorflow.org）。

图中的节点表示数学运算，而图的边表示它们之间传递的多维数据数组（张量）。分布式 TensorFlow 结构包含具有内核实现的分布式主服务和工作服务（Nguyen 等 2019）。TensorFlow 可用于研究、开发和生产系统，因为其能够在单个 CPU 系统、GPU、移动设备和大规模分布式系统上运行。

此外，TensorFlow 通过诸如 Keras Functional API 之类的功能为用户提供了灵活性和控制力，可轻松进行原型设计和快速调试，并支持强大的附加库和模型生态系统来进行试验，其中包括 Ragged Tensors、TensorFlow Probability、Tensor2Tensor 和 BERT（tensorflow.org）。

在本节中，探索了用于深度学习研究和开发的 Keras Python 库。在 5.3.3 节中，将学习如何为单变量时间序列预测方案实现 GRU 模型。

5.3.3　单变量模型

LSTM 和 GRU 可用于对单变量时间序列预测问题进行建模。这些问题包含单个序列的观测值，需要模型来从一系列先前观测值中学习，以预测序列中的下一个值。

在此示例中，我们将实现一个简单的 RNN 预测模型，其结构如图 5.10 所示。

导入所有必要的 Keras 包，以定义模型：

```
# Import necessary packages
from keras.models import Model, Sequential
from keras.layers import GRU, Dense
from keras.callbacks import EarlyStopping
```

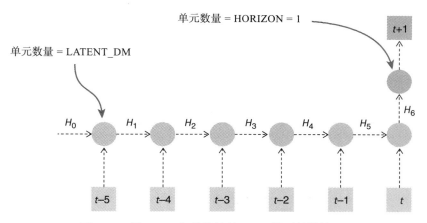

图 5.10　用 Keras 实现的简单 RNN 模型的结构

此时，还需要定义其他方面内容。

❑ 潜在维度（LATENT_DIM）：RNN 层中的单元数。

❑ 批尺寸（BATCH_SIZE）：每个小批量的样本数量。

❑ 周期（EPOCHS）：训练算法循环遍历所有样本的最大次数。

我们在下面的示例代码中对其进行定义：

```
LATENT_DIM = 5
BATCH_SIZE = 32
EPOCHS = 10
```

现在，我们可以定义模型并创建一个序列模型，如下面的示例代码所示：

```
model = Sequential()
model.add(GRU(LATENT_DIM, input_shape=(T, 1)))
model.add(Dense(HORIZON))
```

下一步，我们需要编译模型。指定损失函数和优化器，并在模型上调用 compile()
函数。对于该示例，我们将均方误差作为损失函数。Keras 文档建议在 RNN 中使用
RMSprop 优化器：

```
model.compile(optimizer='RMSprop', loss='mse')
model.summary()
```

运行上面的示例代码，输出如下：

```
Layer (type)                    Output Shape               Param #
=================================================================
gru_1 (GRU)                     (None, 5)                  105

dense_1 (Dense)                 (None, 1)                  6
=================================================================
Total params: 111
Trainable params: 111
Non-trainable params: 0
```

现在，我们需要制定提前停止标准。提前停止是一种正则化方法，在使用迭代方法
（例如梯度下降）训练机器学习模型时可避免过拟合。在此示例中，我们将使用提前停止
法作为一种验证形式，以检测在神经网络的有监督训练期间模型开始过拟合的时间点。
在模型收敛之前就停止训练，以避免过拟合（提前停止）。

在此示例中，我们在每个训练周期之后监视验证集上的验证损失（在这种情况下，
是均方误差）。如果在 patience 个周期后 min_delta 没有改善验证损失，我们将停止训
练，如下面的示例代码所示：

```
GRU_earlystop = EarlyStopping(monitor='val_loss', min_delta=0,
patience=5
```

现在可以通过在模型上调用 fit() 函数对数据样本进行训练来拟合模型：

```
model_history = model.fit(X_train,
                          y_train,
                          batch_size=BATCH_SIZE,
                          epochs=EPOCHS,
                          validation_data=(X_valid, y_valid),
                          callbacks=[GRU_earlystop],
                          verbose=1)
```

现在，可以通过在模型上调用如 evaluate() 或 predict() 之类的函数，使用创建的模型生成预测值，以对新数据做预测。为了评估模型，首先需要在测试集上执行上面列出的数据准备步骤。

在测试数据准备步骤之后，我们将对测试集进行预测，并将这些预测值与实际负荷值进行比较：

```
ts_predictions = model.predict(X_test)
ts_predictions
ev_ts_data = pd.DataFrame(ts_predictions, columns=['t+'+str(t) for t in
range(1, HORIZON+1)])
ev_ts_data['timestamp'] = test_shifted.index
ev_ts_data = pd.melt(ev_ts_data, id_vars='timestamp',
value_name='prediction', var_name='h')
ev_ts_data['actual'] = np.transpose(y_test).ravel()
ev_ts_data[['prediction', 'actual']] = scaler.inverse_transform(ev_ts_
data[['prediction', 'actual']])
ev_ts_data.head()
```

运行上面的示例将产生以下结果：

```
    timestamp              h       prediction    actual
0   2014-11-01 05:00:00    t+1     2,673.13      2,714.00
1   2014-11-01 06:00:00    t+1     2,947.12      2,970.00
2   2014-11-01 07:00:00    t+1     3,208.74      3,189.00
3   2014-11-01 08:00:00    t+1     3,337.19      3,356.00
4   2014-11-01 09:00:00    t+1     3,466.88      3,436.00
```

为了评估模型，我们可以计算所有预测值的平均绝对百分比误差（MAPE），如以下

示例代码所示:

```
# %load -s mape common/utils.py
def mape(ts_predictions, actuals):
    """Mean absolute percentage error"""
    return ((ts_predictions - actuals).abs() / actuals).mean()

mape(ev_ts_data['prediction'], ev_ts_data['actual'])
```

MAPE 为 0.015,表示模型准确率为 99.985%。最后绘制测试集上第一周的预测值与实际值的关系图,结束本次练习:

```
ev_ts_data[ev_ts_data.timestamp<'2014-11-08']
.plot(x='timestamp', y=['prediction', 'actual'],
 style=['r', 'b'], figsize=(15, 8))
plt.xlabel('timestamp', fontsize=12)
plt.ylabel('load', fontsize=12)
plt.show()
```

运行上面的示例代码将绘制出如图 5.11 所示的可视化效果。

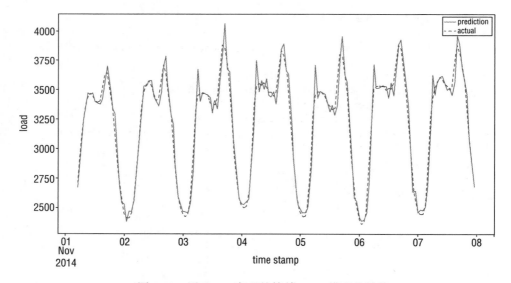

图 5.11   用 Keras 实现的简单 RNN 模型的结构

在图 5.11 中,我们可以观测到由 RNN 模型得出的预测值与实际值之间的关系。

现在，我们已经研究了单变量数据的 GRU 模型，现在我们将注意力转向多变量数据：当数据涉及三个或更多变量时，由于包含多个因变量，因此将其归类为多变量问题。在下一节中，我们将讨论多变量 GRU 模型。

5.3.4 多变量模型

多变量时间序列数据是指每个时间步有多个观测值的数据。在本节中，我们演示如何完成以下步骤：

- ❑ 准备用于训练 RNN 预测模型的时间序列数据。
- ❑ 获取 Keras API 所需形式的数据。
- ❑ 在 Keras 中实现 RNN 模型，以预测时间序列中的下一步（时间 $t + 1$）。该模型使用温度以及负荷的最新值作为模型输入。
- ❑ 使用提前停止法以减少模型过拟合的可能性。
- ❑ 在测试集上评估模型。

对于上述每个步骤，我们将以 ts_data 数据集为例。首先将数据加载到 pandas DataFrame 中：

```
ts_data = load_data(data_dir)
ts_data.head()
```

运行上面的示例代码将输出下表：

	load	temp
2012-01-01 00:00:00	2,698.00	32.00
2012-01-01 01:00:00	2,558.00	32.67
2012-01-01 02:00:00	2,444.00	30.00
2012-01-01 03:00:00	2,402.00	31.00
2012-01-01 04:00:00	2,403.00	32.00

正如上表中，由于有两个变量——负荷（load）和温度（temp），我们现在正在处理一个多变量数据集。如 5.3.3 节所述，我们现在需要创建验证集和测试集，并定义 T（滞后数）和 HORIZON（我们希望对未来几小时进行预测），如以下示例代码所示：

```
valid_st_data_load = '2014-09-01 00:00:00'
test_st_data_load = '2014-11-01 00:00:00'

T = 6
HORIZON = 1
```

创建具有负荷和温度特征的训练集，并为 *y* 值设置缩放器，示例代码如下：

```
from sklearn.preprocessing import MinMaxScaler
y_scaler = MinMaxScaler()
y_scaler.fit(train[['load']])
```

我们还需要对输入特征数据进行缩放（负荷和温度值）：

```
X_scaler = MinMaxScaler()
train[['load', 'temp']] = X_scaler.fit_transform(train)
```

在此示例中，我们将使用 TimeSeriesTensor 便利类执行以下步骤：

1. 修改时间序列的值以创建一个 pandas DataFrame，其中包含单个训练示例的所有数据。

2. 丢弃所有含有缺失值的样本。

3. 将此 pandas DataFrame 转换为（样本、时间步和特征）形式的 NumPy 数组，以输入到 Keras 中。

此类采用以下参数（如下面的示例代码所示）：

❑ dataset：原始时间序列。

❑ H：预测视野。

❑ tensor_structure: 以形式 {'tensor_name' : (range(max_backward_shift, max_forward_shift), [feature, feature, ...]) } 来描述张量结构的字典。

❑ freq：时间序列频率。

❑ drop_incomplete：（Boolean）是否丢弃不完整样本。

```
tensor = {'X':(range(-T+1, 1), ['load', 'temp'])}
ts_train_inp = TimeSeriesTensor(dataset=train,
```

```
target='load',
H=HORIZON,
tensor_structure=tensor,
freq='H',
drop_incomplete=True)
```

最后，需要定义验证集，如下面的示例代码所示：

```
back_ts_data = dt.datetime.strptime
(valid_st_data_load, '%Y-%m-%d %H:%M:%S')
- dt.timedelta(hours=T-1)
ts_data_valid = ts_data.copy()
[(ts_data.index >=back_ts_data)
& (ts_data.index < test_st_data_load)][['load', 'temp']]
ts_data_valid[['load', 'temp']] = X_scaler.transform(ts_data_valid)
ts_data_valid_inputs = TimeSeriesTensor(ts_data_valid, 'load', HORIZON,
tensor)
```

现在，我们准备为具有如图 5.12 所示结构的多变量预测场景实现一个简单的 RNN 预测模型。

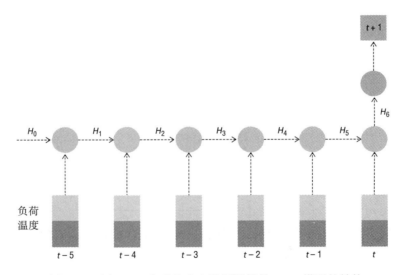

图 5.12　用 Keras 实现的多变量预测场景 RNN 模型的结构

在以下示例代码中，我们将导入必要的 Keras 包，定义模型的潜在维度、批尺寸和训练周期，并对模型本身进行定义：

```
# Import necessary packages
from keras.models import Model, Sequential
from keras.layers import GRU, Dense
from keras.callbacks import EarlyStopping

# Define parameters
LATENT_DIM = 5
BATCH_SIZE = 32
EPOCHS = 50

#Define model
model = Sequential()
model.add(GRU(LATENT_DIM, input_shape=(T, 2)))
model.add(Dense(HORIZON))
```

现在，我们可以通过指定损失函数和优化器并在模型上调用 compile() 函数来编译模型，并查看其总结：

```
model.compile(optimizer='RMSprop', loss='mse')

model.summary()
```

运行上面的示例代码将生成以下总结表：

Layer (type)	Output Shape	Param #
gru_1 (GRU)	(None, 5)	120
dense_1 (Dense)	(None, 1)	6

Total params: 126
Trainable params: 126
Non-trainable params: 0

现在，我们可以拟合多变量模型，并通过在模型上调用 fit() 函数对其进行训练：

```
GRU_earlystop = EarlyStopping(monitor='val_loss', min_delta=0,
patience=5)
model_history = model.fit(ts_train_inp['X'],
                    ts_train_inp['target'],
                    batch_size=BATCH_SIZE,
                    epochs=EPOCHS,
                     validation_data=(valid_inputs['X'],
```

```
        valid_inputs['target']),
                        callbacks=[GRU_earlystop],
                        verbose=1)
```

定义模型后，我们可以通过调用如 evaluate() 之类的函数来在新数据上进行预测
（在本例中，我们将使用测试集）：

```
back_ts_data = dt.datetime.strptime
(test_st_data_load, '%Y-%m-%d %H:%M:%S')
- dt.timedelta(hours=T-1)
ts_data_test = ts_data.copy()[test_st_data_load:][['load', 'temp']]
ts_data_test[['load', 'temp']] = X_scaler.transform(ts_data_test)
test_inputs = TimeSeriesTensor(ts_data_test, 'load', HORIZON, tensor)

ts_predictions = model.predict(test_inputs['X'])

ev_ts_data = create_evaluation_df(ts_predictions, test_inputs, HORIZON,
y_scaler)
ev_ts_data.head()
```

运行上面的示例代码将生成带有预测值和实际值的下表：

```
    Timestamp            h       prediction    actual
0   2014-11-01 05:00:00  t+1     2,737.52      2,714.00
1   2014-11-01 06:00:00  t+1     2,975.03      2,970.00
2   2014-11-01 07:00:00  t+1     3,204.60      3,189.00
3   2014-11-01 08:00:00  t+1     3,326.30      3,356.00
4   2014-11-01 09:00:00  t+1     3,493.52      3,436.00
```

我们可以通过估算 MAPE 来可视化模型的总体准确率，如下示例代码所示：

```
mape(ev_ts_data['prediction'], ev_ts_data['actual'])
```

MAPE 为 0.015，表明模型的准确率为 99.985%。需要注意的是，即使我们向模型
中添加变量使其成为多变量模型，其性能也没有得到改善。

5.4　总结

深度学习神经网络是强大的引擎，能够学习从输入到输出的任意映射，支持多输入
和输出，并能够自动提取跨越相对较长序列的输入数据中的模式。当处理更加复杂的时

间序列预测问题，如涉及大量数据、具有复杂关系的多变量甚至多步时间序列任务时，神经网络是非常有用的工具。

在本章中，我们讨论了数据科学家在构建时间序列预测解决方案时可能要考虑深度学习的一些实际原因。

具体来说，我们仔细研究了以下重要主题：

❑ 将深度学习用于时间序列预测的原因。在 5.1 节中，学习了深度学习神经网络如何能够自动学习从输入到输出的任意复杂映射，并支持多个输入和输出。

❑ 基于循环神经网络的时间序列预测。在 5.2 节中，我们介绍了一种非常流行的人工神经网络——循环神经网络，也称为 RNN。我们还讨论了循环神经网络的一种变体，即长短期记忆单元，并且学习了如何为 LSTM 和 GRU 模型准备时间序列数据。

❑ 如何开发用于时间序列预测的 GRU 和 LSTM。在 5.3 节中，学习了如何为时间序列预测开发长短期记忆模型，特别是学习了如何为时间序列预测问题开发 GRU 模型。

在第 6 章中，学习如何将机器学习模型作为 Web 服务进行部署，目的是使时间序列预测解决方案投入运行和生产，为此将提供所需工具以及一些概念的完整概述。

第**6**章

时间序列预测的模型部署

本书介绍了现实世界中的一些数据科学场景，以展示关于时间序列的关键概念、步骤和代码。在最后一章中，我们将通过一些用例和数据集，引导你完成构建和部署时间序列预测的解决方案。

6.1　实验设置和 Python 版的 Azure 机器学习 SDK 介绍

Azure 机器学习为数据科学家和开发人员提供了 SDK 与服务，包括准备数据以及训练和部署机器学习模型。本章中我们将使用 Python 版的 Azure 机器学习 SDK（aka. ms/ AzureMLSDK）来构建和实现机器学习工作流。

以下各小节概述了用于构建时间序列预测解决方案的 SDK 中的一些重要的类，可以在 Python 版的 Azure 机器学习 SDK 官方网站上找到这些类的所有信息。

6.1.1　Workspace

Workspace 是基于 Python 的函数，用于实验、训练和部署机器学习模型。可以使用以下代码导入该类并创建新的工作空间：

```
from azureml.core import Workspace
ws = Workspace.create(name='myworkspace',
                      subscription_id='<your-azure-subscription-id>',
```

```
resource_group='myresourcegroup',
create_resource_group=True,
location='eastus2'
)
```

如果已有可用于工作空间的 Azure 资源组，可以将 create_resource_group 设置为 False。此时其中某些函数可能会提示你输入 Azure 身份验证凭据。有关 Python 版的 Azure ML SDK 中 Workspace 类的更多信息，请访问 aka.ms/AzureMLSDK。

6.1.2　Experiment

Experiment 是一种云资源，包含一组试验（单个模型的运行）。以下代码可按名称从 Workspace 中获取实验对象，若该名称不存在则创建一个新的实验对象（aka.ms/AzureMLSDK）：

```
from azureml.core.experiment import Experiment
experiment = Experiment(workspace=ws, name='test-experiment')
```

可以运行以下代码来获取 Workspace 中包含的所有实验对象的列表，代码如下：

```
list_experiments = Experiment.list(ws)
```

有关 Python 版的 Azure ML SDK 中的 Experiment 类的更多信息，请访问 aka.ms/AzureMLSDK。

6.1.3　Run

Run 类代表一个实验的单次试验，可用于监视试验的异步执行、存储试验的输出、分析结果以及访问生成的工件。可以在实验代码内部使用 Run 将运行参数和工件记录到 Run History 服务中（aka.ms/AzureMLSDK）。

以下代码展示了如何通过提交带有运行配置的实验对象来创建运行对象：

```
tags = {"prod": "phase-1-model-tests"}
run = experiment.submit(config=your_config_object, tags=tags)
```

你会发现，可使用 tags 参数自定义运行的类别和标签。此外，还可以使用静态列表功能从实验中获取所有运行对象的列表。其中指定的 tags 参数可根据原来创建的标签进行筛选：

```
from azureml.core.run import Run
filtered_list_runs = Run.list(experiment, tags=tags)
```

有关 Python 版的 Azure ML SDK 中的 Run 类的详细信息，请访问 aka.ms/AzureMLSDK。

6.1.4　Model

Model 类用于处理不同机器学习模型的云表示形式。可以使用模型注册功能将模型存储和版本化到 Azure 云的工作空间中。注册后的编号由名称和其版本共同标识。每次注册与现有名称相同的模型时，注册表都会增加版本号（aka.ms/ AzureMLSDK）。

以下示例展示了如何使用 scikit-learn 来构建简单的本地分类模型，包括如何在工作空间中注册模型以及如何从云中下载模型：

```
from sklearn import svm
import joblib
import numpy as np

# customer ages
X_train = np.array([50, 17, 35, 23, 28, 40, 31, 29, 19, 62])
X_train = X_train.reshape(-1, 1)
# churn y/n
y_train = ["yes", "no", "no", "no", "yes", "yes", "yes", "no", "no", "yes"]

clf = svm.SVC(gamma=0.001, C=100.)
clf.fit(X_train, y_train)

joblib.dump(value=clf, filename="churn-model.pkl")
```

此外，可以使用 register 函数在工作空间中注册模型：

```
from azureml.core.model import Model
model = Model.register(workspace=ws,
model_path="churn-model.pkl",
model_name="churn-model-test")
```

在完成模型注册后，将其作为 Web 服务部署是一个简单的过程：

1. 首先需要创建和注册镜像。此步骤是配置 Python 环境及其依赖项。

2. 其次，需要创建一个镜像。

3. 最后，连接镜像。

有关 Python 版的 Azure ML SDK 中的 Model 类的详细信息，请访问 aka.ms/AzureMLSDK。

6.1.5　ComputeTarget、RunConfiguration 和 ScriptRunConfig

ComputeTarget 类是创建并管理计算目标的父类。计算目标代表各种资源，可以在其上训练机器学习模型。计算目标可以是本地计算机或云资源，例如 Azure 机器学习计算、Azure HDInsight 或远程虚拟机（aka.ms/AzureMLSDK）。

首先，需要创建一个 AmlCompute（ComputeTarget 的子类）对象。下面的示例中，我们使用了简单的 scikit-learn 流失模型并将其构建到当前目录（aka.ms/ AzureMLSDK）自己的文件 train.py 中。在文件末尾，再创建一个名为 outputs 的新目录，用来存储训练后的 joblib.dump() 序列化后的模型：

```
# train.py
from sklearn import svm
import numpy as np
import joblib
import os

# customer ages
X_train = np.array([50, 17, 35, 23, 28, 40, 31, 29, 19, 62])
X_train = X_train.reshape(-1, 1)
# churn y/n
y_train = ["cat", "dog", "dog", "dog", "cat", "cat", "cat", "dog",
"dog", "cat"]
clf = svm.SVC(gamma=0.001, C=100.)
clf.fit(X_train, y_train)
os.makedirs("outputs", exist_ok=True)
joblib.dump(value=clf, filename="outputs/churn-model.pkl")
```

接下来，可通过实例化 RunConfiguration 对象并设置类型和大小来创建计算目标（aka.ms/AzureMLSDK）：

```
from azureml.core.runconfig import RunConfiguration
from azureml.core.compute import AmlCompute
list_vms = AmlCompute.supported_vmsizes(workspace=ws)
compute_config = RunConfiguration()
compute_config.target = "amlcompute"
compute_config.amlcompute.vm_size = "STANDARD_D1_V2"
```

这样，就可以通过使用 ScriptRunConfig 以及指定 submit() 函数的 config 参数来提交实验：

```
from azureml.core.experiment import Experiment
from azureml.core import ScriptRunConfig
script_run_config = ScriptRunConfig(source_directory=os.getcwd(),
script="train.py", run_config=compute_config)
experiment = Experiment(workspace=ws, name="compute_target_test")
run = experiment.submit(config=script_run_config)
```

有关 Python 版的 Azure ML SDK 中这些类的更多信息，请访问 aka.ms/AzureMLSDK。

6.1.6　Image 和 Webservice

Image 类是将模型打包到包含其运行时环境和依赖项的容器映像中的父类。Webservice 类是模型创建和部署 Web 服务的父类（aka.ms/AzureMLSDK）。

以下代码展示了创建映像并用其部署 Web 服务的基本示例。ContainerImage 类用于扩展映像以及创建 Docker 映像。

```
from azureml.core.image import ContainerImage
image_config = ContainerImage.image_configuration(execution_script="score.
py",
                                            runtime="python",
                                            conda_file="myenv.yml",
                                      description="test-image-config")
```

在该示例中，score.py 用于处理 Web 服务的请求 / 响应。该脚本定义了两个方法：init() 和 run()。

```
image = ContainerImage.create(name="test-image",
                            models=[model],
```

```
                                    image_config=image_config,
                                    workspace=ws)
```

要将映像部署为 Web 服务，首先需要构建部署配置，如以下代码所示：

```
from azureml.core.webservice import AciWebservice
deploy_config = AciWebservice.deploy_configuration(cpu_cores=1,
memory_gb=1)
```

之后，就可以使用所部署的配置来创建 Web 服务，如以下代码所示：

```
from azureml.core.webservice import Webservice
service = Webservice.deploy_from_image(deployment_config=deploy_config,
                                       image=image,
                                       name=service_name,
                                       workspace=ws
                                       )
service.wait_for_deployment(show_output=True)
```

在本节中，介绍了 SDK 中一些重要的类（有关更多信息，请访问 aka.ms/AzureMLSDK）及其使用时的常见设计模式。6.2 节将研究在 Azure 机器学习平台上进行机器学习部署。

6.2　机器学习模型部署

模型部署是将机器学习模型集成到现有生产环境中，从而为基于数据的实际业务提供决策。只有将模型部署到生产环境中，它们才开始产生价值，这使得模型部署成为至关重要的一步（Lazzeri 2019c）。

模型部署是机器学习模型工作流程的基本步骤（如图 6.1）。通过部署机器学习模型，企业可以充分利用自构的预测和智能模型，将自身的业务转变为数据导向。

有关机器学习，我们都关注其关键组件，例如数据源、数据管道、如何在机器学习应用程序的核心中测试机器学习模型、如何设计功能以及使用哪些变量进行构建使得模型更准确。以上所有步骤都很重要；但除此之外，如何使模型和数据可随时间变化也是机器学习流程中的关键一步。当模型部署完成并投入运营时，才能通过模型的预测结果获取实际价值和业务收益。

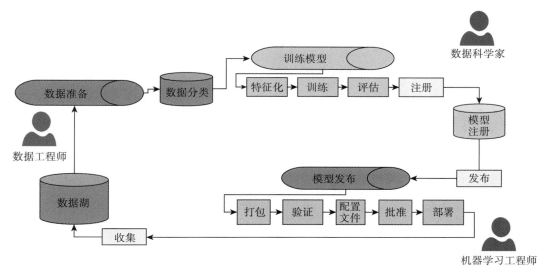

图 6.1　机器学习模型工作流

模型的成功部署对于数据驱动型企业至关重要，原因如下：

❑ 机器学习模型的部署意味着模型可供外部客户和 / 或公司中的其他团队以及利
益相关者使用。

❑ 模型部署后，企业中的其他团队可以向模型输入数据并获取其预测结果，这些
结果又可被企业系统再次利用，从而提高训练数据的质量和数量。

❑ 模型部署成功后，企业将开始在生产中构建和部署更多的机器学习模型，并
掌握将模型从开发环境迁移到业务运营系统中的可靠且可重复的方法（Lazzeri
2019c）。

从组织的角度来看，许多企业将启用 AI 视为一项技术工作。但其实，它更多的是
由公司内部发起、业务驱动的计划。为了转型为一家由 AI 驱动的公司，重要的是：能
够成功运营且精通当今业务的管理者也必须负责起构建和驱动从模型训练到模型部署的
全过程，并熟悉整个机器学习流程。

机器学习从最开始起，其团队就应与业务合作伙伴进行互动。只有保持不断的沟
通，才能了解与模型部署同步的实验过程。很多单位组织都在努力挖掘机器学习的潜
力，从而优化其运营流程。通过使用通用语言，数据科学家、分析师和业务团队可以更

方便地沟通（Lazzeri 2019c）。

此外，机器学习模型需要在历史数据上训练，这就要创建预测数据通道。此过程包含多个任务：数据处理、特征工程和调整。从开发版本到生产环境，每个任务（包括库的版本和缺失值的处理）都必须精确复制。有时，开发和生产中的技术差异会导致部署机器学习模型时遇到问题。

企业可以使用机器学习通道来创建和管理将机器学习各阶段结合在一起的工作流。例如，通道可能包括的阶段有：数据准备、模型训练、模型部署以及推理 / 评估。每个阶段又可以包含多个步骤，每个步骤都可以在各种计算目标中独立运行。

如何选择合适的工具来成功地进行模型部署

当前，手动构建机器学习模型的方法太慢且没有生产力。对于打算通过 AI 进行业务转型的公司而言，经过数月的开发后（基于单一算法的模型），管理团队却几乎无法评判其数据科学家是否创建了一个很好的模型，也不知道如何对其进行操作（Lazzeri 2019c）。

下面将分享一些有关企业如何选择合适工具以成功进行模型部署的准则。将使用 Azure 机器学习服务来说明此工作流。其也适用于你自己选择的任何机器学习产品。

模型部署工作流基于以下三个简单步骤：

❏ 模型注册。
❏ 准备部署（特定的概念、用法、计算目标）。
❏ 在计算目标上部署模型。

如上节所述，Model 是组成模型的一个或多个文件的逻辑容器。例如，有一个存储在多个文件中的模型，则可以在工作空间中将它们注册为一个模型。注册后，就可以下载或部署已注册的模型，并获取所有已注册的文件。

创建 Azure 机器学习工作空间时会注册机器学习模型。该模型可以来自 Azure 机器学习，也可以来自其他地方。

要将模型部署为 Web 服务，必须创建推断配置（InferenceConfig）和部署配置。推断或模型评估是将部署的模型用于预测的阶段，通常用于产生数据。在推断配置中，可以指定服务模型所需的脚本配置和依赖项。在部署配置中，可以指定如何在计算目标上提供模型的详细信息（Lazzeri 2019c）。

输入脚本接收到提交给已部署好的 Web 服务的数据后，将其传递给模型。在获取模型结果响应后，再返回给客户端。该脚本特定于模型。它必须理解模型期望和返回的数据。

该脚本包含两个分别用于加载和运行模型的函数：

❑ init()：通常，此函数将模型加载到全局对象中。仅当启动 Web 服务的 Docker 容器时，此函数运行一次。

❑ run(input_data)：此函数利用输入的数据并使用模型进行预测。run 的输入和输出通常由 JSON 进行序列化和反序列化，也可以使用原始二进制数据。在传输到模型之前或返回到客户端之前进行数据转换。

模型注册时，需要在注册表中提供用于管理模型的模型名称。使用 Model.get_model_path() 函数，可检索出模型文件在本地文件系统上的路径。如果注册的是文件夹或文件集合，则此 API 会返回包含这些文件的目录。

最后，在部署之前，必须定义部署配置。部署配置特定于承载 Web 服务的计算目标。例如，在本地部署时，必须指定服务可接受请求的端口。以下计算目标或计算资源可用于承载 Web 服务部署：

❑ 本地 Web 服务和 Notebook 虚拟机（VM）Web 服务：这两个计算目标都可用于测试和调试。它们都适合进行有限的测试以及故障排除工作。

❑ Azure Kubernetes 服务（AKS）：此计算目标用于实时推断。它适合大规模的生产部署。

❑ Azure 容器实例（ACI）：此计算目标用于测试。对于 RAM 需要 <48 GB 且基于 CPU 的小规模工作负荷，是不错的选择。

❑ Azure 机器学习计算：此计算目标用于批处理推断，因为它能够在无服务器计算目标上运行批处理评估。

❑ **Azure IoT Edge**：这是一个 IoT 模块，能够在 IoT 设备上部署和服务机器学习模型。

❑ **Azure Stack Edge**：开发人员和数据科学家可以通过 IoT Edge 来使用此计算目标。

本节中，介绍了机器学习模型部署的一些常见挑战，并讨论了为什么成功的模型部署对于释放 AI 的全部潜力至关重要、为什么企业重视模型部署、以及如何选择合适的工具来成功实现模型部署。

接下来，我们会将本章前两节中学到的知识应用于实际需求预测用例。

6.3　时间序列预测的解决方案体系结构部署示例

在本节中，我们将在 Azure 上构建、训练和部署能源需求预测的解决方案。对于该特定用例，我们使用 GEFCom2014 能源预测竞赛的数据。有关更多信息请参阅"概率能源预测：2014 年及之后的全球能源预测大赛"（Tao Hong 等 2016）。

原始数据由行和列组成。每个单行的数据表示一次测量，一行包含多个列（也称为特征或字段）。确定所需的数据源之后，为了构建可靠的需求预测模型，我们需确保收集的原始数据包含正确的数据特征。以下是对原始数据的数据结构（架构）的一些基本要求：

❑ **时间戳**：时间戳字段记录了测量的实际时间。其格式应符合常见的日期 / 时间格式。日期和时间都应包括在内。在大多数情况下，不需要记录到第二级粒度的时间。指定记录数据的时区也很重要。

❑ **负荷**：该字段表示每时的历史能源消耗数据，是特定日期 / 时间的实际消耗量。可用千瓦时（kWh）或其他任意单位来衡量。需要注意，所有数据中的测量单位必须保持一致。在某些情况下，可以提供三个能源阶段上的功耗。此时，我们需要单独测量并收集所有的能源消耗阶段。

❑ **温度**：该字段表示历史温度数据（小时计）。温度通常是独立收集的，但它应与能源消耗数据相匹配，也应包含上述的时间戳，以便其与实际能源消耗数据同步。温度值可以是摄氏度或华氏度，但在所有记录中都应保持一致。

建模是将数据转换为模型的阶段。此过程的核心是利用历史数据（训练数据）提取特征并建立模型的高级算法。训练好的模型可用于预测新数据。

从图 6.2 可以看出，历史数据将馈入训练模块。历史数据的结构如下：X 表示独立特征，Y 表示因变量（目标），X 和 Y 都在数据准备过程中产生。训练模块主体是一种可以学习数据的特征和模式的算法，由数据科学家选择，要保证适用于我们需解决问题的类型。

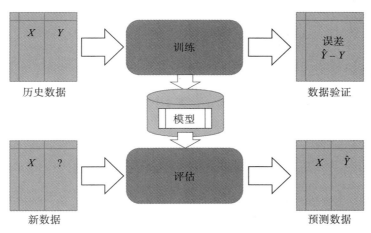

图 6.2　建模以及评估过程

训练算法通常可分为回归（预测数字结果）、分类（预测分类结果）、聚类（分组）和预测。训练模块产生的模型具有可存储性便于未来使用。在训练期间，我们可以使用验证数据度量误差以量化模型预测准确率。

有了有效的模型，便可用它对新数据进行预测，新数据包含所需的特征（X）。预测时使用持久化的模型（训练阶段的对象），预测出由 $\hat{Y}$ 表示的目标变量。

在需求预测时，我们使用时序的历史数据。通常将包含时间维度的数据称为时间序列。时间序列建模的目标是找到其他变量与时间相关的走势、周期性和自相关性（与时间相关），最后将其表示为模型。近年来，已出现了预测准确率高且适用于时间序列的高级算法。

6.3.1 训练并部署 ARIMA 模型

接下来的几节将展示如何构建、训练和部署用于能源需求预测的 ARIMA 模型。从数据设置开始：本示例中的数据来自 GEFCom2014 预测竞赛。它由 2012 年至 2014 年期间三年以小时计的电力负荷和温度值组成。

首先需要导入必要的 Python 模块：

```
# Import modules
import os
import shutil
import matplotlib.pyplot as plt
from common.utils import load_data, extract_data, download_file
%matplotlib inline
```

然后下载数据集并将其存储到数据集文件夹：

```
data_dir = './data'

if not os.path.exists(data_dir):
    os.mkdir(data_dir)

if not os.path.exists(os.path.join(data_dir, 'energy.csv')):
    # Download and move the zip file
    download_file("https://mlftsfwp.blob.core.windows.net/mlftsfwp/GEFCom2014.zip")
    shutil.move("GEFCom2014.zip", os.path.join(data_dir,"GEFCom2014.zip"))
    # If not done already, extract zipped data and save as csv
    extract_data(data_dir)
```

准备好以上两步就可以将 CVS 格式的数据导入 pandas 数据框架：

```
energy = load_data(data_dir)[['load']]
energy.head()
```

代码的结果如图 6.3 所示。

为了可视化数据集并确保所有数据都已上传，可以绘制出所有可用的负荷数据（2012 年 1 月至 2014 年 12 月）：

```
energy.plot(y='load', subplots=True, figsize=(15, 8), fontsize=12)
plt.xlabel('timestamp', fontsize=12)
```

```
plt.ylabel('load', fontsize=12)
plt.show()
```

	load
2012-01-01 00:00:00	2698.0
2012-01-01 01:00:00	2558.0
2012-01-01 02:00:00	2444.0
2012-01-01 03:00:00	2402.0
2012-01-01 04:00:00	2403.0

图 6.3　能源数据集开头的个别行

以上代码输出的图表如图 6.4 所示。

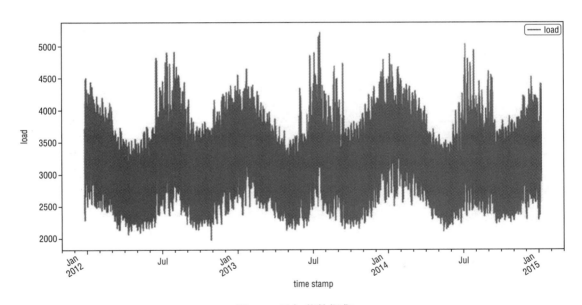

图 6.4　已加载数据集

在前面的示例（如图 6.4）中，我们绘制了数据集的第一列（时间戳是数据框架的索引）。如果要绘制其他列，可以通过调整变量 column_to_plot 实现。

现在，通过绘制 2014 年 7 月的第一周来可视化数据中的一些样本：

```
energy['7/1/2014':'7/7/2014'].plot
(y=column_to_plot, subplots=True,
figsize=(15, 8), fontsize=12)
plt.xlabel('timestamp', fontsize=12)
plt.ylabel(column_to_plot, fontsize=12)
plt.show(
```

使用 2014 年 7 月第一周的数据点建图, 如图 6.5 所示。

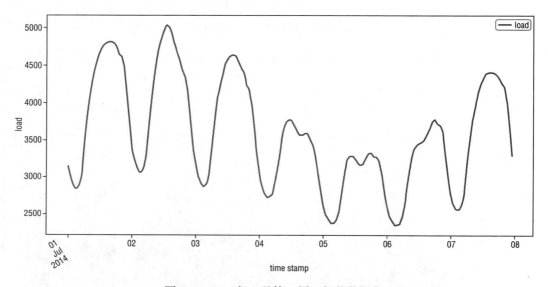

图 6.5   2014 年 7 月第一周已加载数据集

如果能够成功运行以上代码并看到所有可视化效果, 接下来就可进行训练了。从配置开始: 首先需要配置 Azure 机器学习服务工作空间及代码库。更多有关信息, 请访问 aka.ms/AzureMLConfiguration 并按照其中的说明进行操作。

训练脚本用于执行训练实验。数据准备好后, 便可训练模型并在 Azure 上查看结果。

训练需遵循以下几个步骤:

❑ 配置工作空间。

❑ 创建实验。

❑ 创建或连接计算集群。

❑ 上传数据到 Azure。

❑ 创建估算器。

❑ 将工作提交到远程集群。

❑ 注册模型。

❑ 部署模型。

导入 Azure 机器学习 Python SDK 库和其他模块并配置工作空间。

6.3.2　配置工作空间

首先，需要导入 Azure 机器学习 Python SDK 库和训练脚本所需的其他 Python 模块：

```
import datetime as dt
import math
import os
import urllib.request
import warnings

import azureml.core
import azureml.dataprep as dprep
import matplotlib.pyplot as plt
import numpy as np
import pandas as pd
from azureml.core import Experiment, Workspace
from azureml.core.compute import AmlCompute, ComputeTarget
from azureml.core.environment import Environment
from azureml.train.estimator import Estimator
from IPython.display import Image, display
from sklearn.preprocessing import MinMaxScaler
from statsmodels.tsa.statespace.sarimax import SARIMAX

get_ipython().run_line_magic("matplotlib", "inline")
pd.options.display.float_format = "{:,.2f}".format
np.set_printoptions(precision=2)
warnings.filterwarnings("ignore")  # specify to ignore warning messages
```

然后，配置工作空间。可通过运行以下代码来配置 Azure 机器学习（Azure ML）服务（aka.ms/AzureMLservice）的工作空间及代码库：

```
# Configure the workspace, if no config file has been downloaded.
subscription_id = os.getenv("SUBSCRIPTION_ID", default="<Your Subcription ID>")
resource_group = os.getenv("RESOURCE_GROUP", default="<Your Resource Group>")
workspace_name = os.getenv("WORKSPACE_NAME", default="<Your Workspace Name>")
workspace_region = os.getenv
("WORKSPACE_REGION", default="<Your Workspace Region>")

try:
    ws = Workspace(subscription_id = subscription_id,
                   resource_group = resource_group,
                   workspace_name = workspace_name)
    ws.write_config()
    print("Workspace configuration succeeded")
    except:
    print("Workspace not accessible.
    Change your parameters or create a new workspace below")


# Or take the configuration of the existing config.json file
ws = Workspace.from_config()
print(ws.name, ws.resource_group, ws.location, ws.subscription_id, sep='\n')
```

确保 Azure ML SDK 是正确版本的。如果不是，则运行以下代码：

```
!pip install --upgrade azureml-sdk[automl,notebooks,explain]
!pip install --upgrade azuremlftk
```

配置工作空间并将配置写入 config.json 文件，或直接读取 config.json 文件来配置工作空间。此外，还可从 Azure 工作空间的 azureml 文件夹中复制配置文件。

在 Azure 工作空间中，有以下各项：

❑ 实验结果。

❑ 训练好的模型。

❑ 计算目标。

❑ 部署容器。

❑ 快照。

有关 AML 服务工作空间设置的更多信息，请访问 aka.ms/AzureMLConfiguration，并按照其中的说明进行操作。

6.3.3　创建实验

创建一个 Azure 机器学习实验，可用于跟踪特定数据以及模型训练工作日志。如果所选工作空间中已经存在该实验，则此次运行将添加到已存在的实验中。否则，实验将被添加到工作空间中，如以下代码所示：

```
experiment_name = 'energydemandforecasting'
exp = Experiment(workspace=ws, name=experiment_name)
```

6.3.4　创建或连接计算集群

需要创建或连接到现有的计算集群。训练 ARIMA 模型，CPU 集群就已足够，如以下代码所示。请注意，min_nodes 参数为 0，这意味着默认情况下集群中没有计算机：

```
# choose a name for your cluster
compute_name = os.environ.get("AML_COMPUTE_CLUSTER_NAME", "cpucluster")

compute_min_nodes = os.environ.get("AML_COMPUTE_CLUSTER_MIN_NODES", 0)
compute_max_nodes = os.environ.get("AML_COMPUTE_CLUSTER_MAX_NODES", 4)

# This example uses CPU VM. For using GPU VM, set SKU to STANDARD_NC6
vm_size = os.environ.get("AML_COMPUTE_CLUSTER_SKU", "STANDARD_D2_V2")

if compute_name in ws.compute_targets:
    compute_target = ws.compute_targets[compute_name]
    if compute_target and type(compute_target) is AmlCompute:
        print('found compute target. just use it. ' + compute_name)
else:
    print('creating a new compute target...')
    provisioning_config =
        AmlCompute.provisioning_configuration
        (vm_size = vm_size,
        min_nodes = compute_min_nodes,
        max_nodes = compute_max_nodes)

    # create the cluster
    compute_target = ComputeTarget.create(ws,
    compute_name,  provisioning_config)

    # can poll for a minimum number of nodes and for a specific timeout.
    compute_target.wait_for_completion
    (show_output=True, min_node_count=None,
    timeout_in_minutes=20)
```

```
        # For a more detailed view of current
        # AmlCompute status, use 'get_status()'
    print(compute_target.get_status().serialize())
```

6.3.5 上传数据到 Azure

需要将数据从本地计算机上传到 Azure 来实现数据远程访问，才可以对其进行远程训练。数据存储区是与工作空间关联的便捷构造，可供上传或下载数据，还可与远程计算目标交互。它由 Azure Blob 存储账户支持。能源数据文件被上传到数据存储根目录中名为 energy_data 的目录中：

❑ 首先，可以下载 GEFCom2014 数据集并将文件保存到本地数据目录中，这可以通过运行代码中的注释行来完成。本示例中的数据取自 GEFCom2014 预测竞赛。它由 2012 年至 2014 年以小时计的电力负荷和温度值组成。

❑ 然后，数据将上传到工作空间默认的 Blob 数据存储区中。能源数据文件被上传到数据存储根目录中名为 energy_data 的目录中。上传的数据只在第一次时运行，如果再次运行，将跳过上传数据存储中已经存在的文件。

```
# save the files into a data directory locally
data_folder = './data'

#data_folder = os.path.join(os.getcwd(), 'data')
os.makedirs(data_folder, exist_ok=True)

# get the default datastore
ds = ws.get_default_datastore()
print(ds.name, ds.datastore_type, ds.account_name, ds.container_name,
sep='\n')

# upload the data
ds.upload(src_dir=data_folder,
target_path='energy_data',
overwrite=True,
show_progress=True)

ds = ws.get_default_datastore()
print(ds.datastore_type, ds.account_name, ds.container_name)
```

创建训练脚本：

```python
# ## Training script
# This script will be given to the estimator
# which is configured in the AML training script.
# It is parameterized for training on `energy.csv` data.

#%% [markdown]
# ### Import packages.
# utils.py needs to be in the same directory as this script,
# i.e., in the source directory `energydemandforcasting`.

#%%
import argparse
import os
import numpy as np
import pandas as pd
import azureml.data
import pickle

from statsmodels.tsa.statespace.sarimax import SARIMAX
from sklearn.preprocessing import MinMaxScaler
from utils import load_data, mape
from azureml.core import Run

#%% [markdown]
# ### Parameters
# * COLUMN_OF_INTEREST: The column containing data that will be
forecasted.
# * NUMBER_OF_TRAINING_SAMPLES:
#   The number of training samples that will be trained on.
# * ORDER:
#   A tuple of three non-negative integers
#   specifying the parameters p, d, q of an Arima(p,d,q) model,
#   where:
#       * p: number of time lags in autoregressive model,
#       * d: the degree of differencing,
#       * q: order of the moving avarage model.
# * SEASONAL_ORDER:
#   A tuple of four non-negative integers
#   where the first three numbers
#   specify P, D, Q of the Arima terms
#   of the seasonal component, as in ARIMA(p,d,q)(P,D,Q).
#   The fourth integer specifies m,
#   i.e, the number of periods in each season.

#%%
COLUMN_OF_INTEREST = 'load'
NUMBER_OF_TRAINING_SAMPLES = 2500
ORDER = (4, 1, 0)
SEASONAL_ORDER = (1, 1, 0, 24)
```

```
#%% [markdown]
# ### Import script arguments
# Here, Azure will read in the parameters, specified in the AML
training.

#%%
parser = argparse.ArgumentParser(description='Process input arguments')
parser.add_argument
('--data-folder',
default='./data/',
type=str,
dest='data_folder')
parser.add_argument
('--filename',
default='energy.csv',
type=str,
dest='filename')
parser.add_argument('--output', default='outputs', type=str, dest='output')
args = parser.parse_args()
data_folder = args.data_folder
filename = args.filename
output = args.output
print('output', output)
#%% [markdown]
# ### Prepare data for training
# * Import data as pandas dataframe
# * Set index to datetime
# * Specify the part of the data that the model will be fitted on
# * Scale the data to the interval [0, 1]

#%%
# Import data
energy = load_data(os.path.join(data_folder, filename))
# As we are dealing with time series, the index can be set to datetime.
energy.index = pd.to_datetime(energy.index, infer_datetime_format=True)

# Specify the part of the data that the model will be fitted on.
train = energy.iloc[0:NUMBER_OF_TRAINING_SAMPLES, :]

# Scale the data to the interval [0, 1].
scaler = MinMaxScaler()
train[COLUMN_OF_INTEREST] =
scaler.fit_transform(np.array
(train.loc[:, COLUMN_OF_INTEREST].values).
reshape(-1, 1))
#%% [markdown]
# ### Fit the model
```

```
#%%
model = SARIMAX(endog=train[COLUMN_OF_INTEREST]
.tolist(),
order=ORDER,
seasonal_order=SEASONAL_ORDER)
model.fit()

#%% [markdown]
# ### Save the model
# The model will be saved on Azure in the specified directory as a pickle file.

#%%
# Create a directory on Azure in which the model will be saved.
os.makedirs(output, exist_ok=True)
# Write the the model as a .pkl file to the specified directory on Azure.
with open(output + '/arimamodel.pkl', 'wb') as m:
    pickle.dump(model, m)

# with open('arimamodel.pkl', 'wb') as m:
#     pickle.dump(model, m)

#%%
```

6.3.6 创建估算器

现在介绍如何创建估算器。在准备过程中需要创建一些参数。提供给估算器的参数如下所示：

❏ source_directory：即上传到 Azure 中包含脚本 train.py 的目录。

❏ entry_script：将要执行的脚本（train.py）。

❏ script_params：提供给输入脚本的参数。

❏ compute_target：根据要求创建的计算集群。

❏ conda_dependencies_file：Conda 环境中脚本所需的包。

```
script_params = {
    "--data-folder": ds.path("energy_data").as_mount(),
    "--filename": "energy.csv",
}
script_folder = os.path.join(os.getcwd(), "energydemandforecasting")

est = Estimator(
    source_directory=script_folder,
```

```
        script_params=script_params,
        compute_target=compute_target,
        entry_script="train.py",
        conda_dependencies_file="azureml-env.yml",
    )
```

6.3.7　将工作提交到远程集群

可以使用 Azure 机器学习 SDK、Azure 门户、Azure CLI 或 Azure 机器学习的 VS
Code 扩展来创建和管理计算目标。以下示例代码展示了如何将工作提交到远程集群：

```
    run = exp.submit(config=est)

    # specify show_output to True for a verbose log
    run.wait_for_completion(show_output=False)
```

6.3.8　注册模型

训练脚本的最后一步是将文件 outputs/arima_model.pkl 写入运行作业的 VM 集群中
的 outputs 目录中。outputs 是一个特殊的目录，该目录中的所有内容都会被自动上传到
工作空间。这些内容将显示在工作空间中实验的运行记录中。因此，模型文件在工作空
间中可以使用。

查看与运行关联的文件。在工作空间中注册模型，将其保存在 Azure 上的 Models
下，以便以后你和其他协作者进行有关该模型的查询、检查和部署。通过注册模型，模
型就可以在工作空间中使用：

```
    # see files associated with that run
    print(run.get_file_names())

    # register model
    model = run.register_model(model_name='arimamodel',
    model_path='outputs/arimamodel.pkl')
```

6.3.9　部署模型

完成了建模阶段并验证了模型性能，就可以进入部署阶段了。在这种情况下，部署
模型就意味着让客户能够大规模地使用模型来做实际预测。部署模型是 Azure ML 的关

键，因为我们的主要目标是不断调用预测，而不仅仅是分析数据。部署使得模型能够被大规模使用。

在能源需求预测的背景下，我们的目标是确保模型可以预测新数据，从而调用模型实现连续和定期的预测，并将预测的结果返回给使用方。

Azure ML 关键的可部署构建块是 Web 服务，这是在云中启用预测模型的最有效方法。Web 服务将模型封装起来，使用 REST API（应用程序编程接口）进行包装后，该API 可以作为任何客户端代码的一部分。如图 6.6 所示。

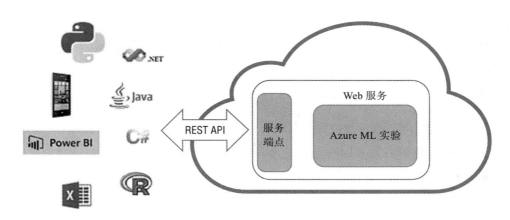

图 6.6 Web 服务部署以及使用

Web 服务部署在云上，并可以在其公开的 REST API 上调用。跨领域的不同类型的客户端可以同时通过 Web API 调用服务。Web 服务还可以扩展以支持数千个并发调用。

部署模型需要以下组件：

❏ 输入脚本：该脚本可接受请求，使用模型对请求进行预测评估，然后返回结果。
❏ 依赖项：运行时输入脚本或模型所需的依赖项，例如程序脚本或 Python/Conda 包。
❏ 已部署模型计算目标的部署配置：此配置描述了运行模型所需的内存和 CPU 需求等内容。

这些实体被封装到推理配置和部署配置中。推理配置引用条目脚本和其他依赖项。这些配置在使用 SDK 时以编程方式定义，在使用 CLI 执行部署时以 JSON 文件形式定义。

6.3.10 定义输入脚本和依赖项

输入脚本接收提交给已部署 Web 服务的数据，并将其传递给模型。然后获取模型返回的响应，将其返回给客户端。此脚本特定于模型，其必须理解模型期望以及所返回的数据。

该脚本包含两个分别用于加载和运行模型的函数：init() 和 run(input_data) 函数。注册模型时，需要在注册表中提供用于管理模型的模型名称。使用 Model.get_model_path() 函数，可以检索本地文件系统上模型文件的路径。如果注册的是文件夹或文件集合，则此 API 会将路径返回到包含这些文件的目录。

注册模型时，可以在本地或服务部署时为其命名，该名称对应模型的位置。例如下面的示例就将返回到名为 sklearn_mnist_model.pkl 的单个文件的路径（该文件使用名称 sklearn_mnist 注册）：

```
model_path = Model.get_model_path('sklearn_mnist')
```

6.3.11 自动生成模式

Web 服务实现自动生成，需要在构造函数中为定义的类型对象提供用于自动生成模式的输入和输出的示例（aka.ms/ModelDeployment）。

模式自动生成，要在 Conda 环境文件中导入推理模式包。还需要在 input_sample 和 output_sample 变量中定义输入和输出样本格式。以下示例演示了能源需求预测解决方案如何接收和返回 JSON 数据。首先，必须检索用于训练的工作空间：

```
ws = Workspace.from_config()
print(ws.name, ws.resource_group, ws.location, ws.subscription_id, sep = '\n')
```

已在训练脚本中注册模型后。若要使用的模型仅保存在本地，则可以取消注释并运行以下代码，该代码将在工作空间中注册模型。其中的参数可能需要调整：

```
# model = Model.register(model_path = "path_of_your_model",
#                         model_name = "name_of_your_model",
#                         tags = {'type': "Time series ARIMA model"},
#                         description = "Time series ARIMA model",
#                         workspace = ws)

# get the already registered model
model = Model.list(ws, name='arimamodel')[0]
print(model)
```

现在，需要获取或注册用于模型部署的环境（aka.ms/ModelDeployment）。示例中，已在训练脚本中注册了环境，因此可以直接检索：

```
my_azureml_env = Environment.get(workspace=ws, name="my_azureml_env")

inference_config = InferenceConfig(
    entry_script="energydemandforecasting/score.py", environment=my_
azureml_env
)
```

之后，可以设置部署配置，如以下代码所示：

```
# Set deployment configuration
deployment_config = AciWebservice.deploy_configuration(cpu_cores=1, memory_gb=1)

aci_service_name = "aci-service-arima"
```

最后，可以定义 Web 服务名称和部署位置，如下面的示例代码所示：

```
# Define the web service
service = Model.deploy(
    workspace=ws,
    name=aci_service_name,
    models=[model],
    inference_config=inference_config,
    deployment_config=deployment_config,
)
service.wait_for_deployment(True)
```

以下是评估文件中名为 score.py 代码的概述：

```
### score.py
#### Import packages
import pickle
import json
import pandas as pd
from sklearn.preprocessing import MinMaxScaler

from azureml.core.model import Model

MODEL_NAME = 'arimamodel'
DATA_NAME = 'energy'
DATA_COLUMN_NAME = 'load'
NUMBER_OF_TRAINING_SAMPLES = 2500
HORIZON = 10

#### Init function
def init():
    global model
    model_path = Model.get_model_path(MODEL_NAME)
    # deserialize the model file back into a sklearn model
    with open(model_path, 'rb') as m:
        model = pickle.load(m)

#### Run function
def run(energy):
    try:
        # load data as pandas dataframe from the json object.
        energy = pd.DataFrame(json.loads(energy)[DATA_NAME])
        # take the training samples
        energy = energy.iloc[0:NUMBER_OF_TRAINING_SAMPLES, :]

        scaler = MinMaxScaler()
        energy[DATA_COLUMN_NAME] =
        scaler.fit_transform
        (energy[[DATA_COLUMN_NAME]])
        model_fit = model.fit()

        prediction = model_fit:forecast(steps = HORIZON)
        prediction = pd.Series.to_json
        (pd.DataFrame(prediction),
        date_format='iso')

        # you can return any data type as long as it is JSON-serializable
        return prediction
    except Exception as e:
        error = str(e)
        return error
```

部署之前，必须定义部署配置。部署配置特定于部署在 Web 服务的计算目标。部署配置不是输入脚本的一部分，它用于定义承载模型和输入脚本（aka.ms/ModelDeployment）的计算目标特征。其次可能还需要创建计算资源，例如，还没有与工作空间关联的 Azure Kubernetes 服务。

表 6.1 给出了为每个计算目标创建部署配置的示例。

表 6.1　为每个计算目标创建部署配置

计算目标	部署配置示例
数据点数量	deployment_config = LocalWebservice. deploy_configuration(port=8890)
Azure 容器实例	deployment_config=AciWebservice.deploy_configuration(cpu_cores = 1, memory_gb = 1)
Azure Kubernetes 服务	deployment_config=AksWebservice.deploy_configuration(cpu_cores = 1, memory_gb = 1)

对于该特定示例，我们将创建一个 Azure 容器实例（ACI），其通常在需要快速部署和验证模型以及测试正在开发的模型时使用。

首先，必须确定 CPU 内核数、内存大小以及其他参数（如描述）来配置服务。然后须通过映像部署服务。

服务只能部署一次。若要再次部署，需更改服务名称或直接在 Azure 上删除现有服务：

```
# load the data to use for testing and encode it in json
energy_pd = load_data('./data/energy.csv')
energy = pd.DataFrame.to_json(energy_pd, date_format='iso')
energy = json.loads(energy)
energy = json.dumps({"energy":energy})

# Call the service to get the prediction for this time series
prediction = aci_service.run(energy)
```

如果需要，可以在最后一步中绘制预测结果。以下示例将帮助完成以下三个任务：

❑ 将预测转换为包含正确索引列的数据结构。

❑ 按照训练步骤缩放展示原始数据。

❑ 展示原始数据及预测结果。

```
# prediction is a string, convert it to a dictionary
prediction = ast.literal_eval(prediction)

# convert the dictionary to pandas dataframe
prediction_df = pd.DataFrame.from_dict(prediction)

prediction_df.columns=['load']
prediction_df.index = energy_pd.iloc[2500:2510].index)

# Scale the original data
scaler = MinMaxScaler()
energy_pd['load'] = scaler.fit_transform
(np.array(energy_pd.loc[:, 'load'].values).
reshape(-1, 1))

# Visualize a part of the data before the forecasting
original_data = energy_pd.iloc[1500:2501]

# Plot the forecasted data points
fig = plt.figure(figsize=(15, 8))

plt.plot_date(x=original_data.index,
y=original_data, fmt='-',
xdate=True, label="original load", color='red')
plt.plot_date(x=prediction_df.index, y=prediction_df, fmt='-',
xdate=True, label="predicted load", color='yellow')
```

在部署能源需求预测解决方案时，我们可以部署一个有预测功能的 Web 服务且能保证整个数据流的端到端解决方案。在进行新的预测时，我们需要确保该模型包含最新的数据特征。这意味着新收集的原始数据将被不断地提取、处理并转换为构建模型所需的特征集。

同时，我们希望将预测数据提供给最终用户。图 6.7 显示了一个数据流周期（或数据通道）示例。

以下是能源需求预测周期的部分步骤：

1. 数百万已部署的数据仪表不断实时生成功耗数据。

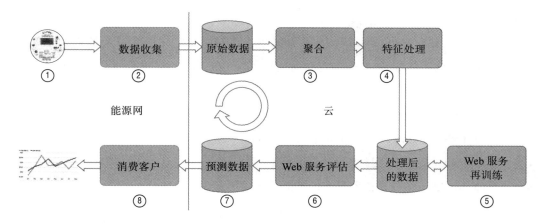

图 6.7　能源需求预测的端到端数据流

2. 收集数据并将其上传到云存储库（如 Azure 存储）中。

3. 在处理原始数据之前，先将其聚合到业务定义的变电站或区域级别。

4. 进行特征工程，进而生成模型训练或评价所需的数据，特征集数据存储在数据库（例如 Azure SQL 数据库）中。

5. 调用再训练服务以继续训练预测模型。该模型的新版本将保存下来以便 Web 服务的评价可以再使用。

6. 根据适应所需预测频率的计划调用评价 Web 服务。

7. 预测的数据结果存储在最终用户可访问到的数据库中。

8. 客户端检索预测并将其应用回网络中，根据所需用例再进行调用。

需要注意，整个周期是完全自动化按计划运行的。

6.4　总结

在本章中，我们研究了构建和部署时间序列预测解决方案的过程。具体而言，本章提供了用于构建和部署时间序列预测解决方案的工具的完整概述：

- ❑ 实验设置和 Python 版的 Azure 机器学习 SDK 介绍。6.1 节引入了 Python 版的 Azure 机器学习 SDK 来构建和运行机器学习工作流，并介绍了以下重要的概念和知识：
  - ○ Workspace。是云中的基础资源，可用于实验、训练和部署机器学习模型。
  - ○ Experiment。表示试验集合（单个模型的运行）的基础云资源。
  - ○ Run。代表一项试验的单次运行。
  - ○ Model。是处理机器学习模型的云表示形式。
  - ○ ComputeTarget、RunConfiguration 和 ScriptRunConfig。是用于创建和管理计算目标的抽象父类。ComputeTarget 代表各种资源，可以在其上训练机器学习模型。
  - ○ Image。是将模型打包到包含运行环境和依赖项的容器映像中的抽象父类。
  - ○ Webservice。是用于为模型创建和部署 Web 服务的抽象父类。
- ❑ 机器学习模型部署。6.2 节介绍了机器学习模型的部署，即将机器学习模型集成到现有生产环境中以便开始依据数据进行实际业务的决策。
- ❑ 时间序列预测的解决方案体系结构部署示例。在 6.3 节中，构建、训练和部署了端到端的数据通道体系结构，并介绍了部署代码和示例。

参 考 文 献

Bianchi, Filippo Maria, and Enrico Maiorino, Michael Kampffmeyer, Antonello Rizzi, Robert Jenssen. 2018. *Recurrent Neural Networks for Short-Term Load Forecasting*. Berlin, Germany: Springer.

Brownlee, Jason. 2017. *Introduction to Time Series Forecasting With Python - Discover How to Prepare Data and Develop Models to Predict the Future*. Machine Learning Mastery. `https://machinelearningmastery.com/introduction-to-time-series-forecasting-with-python/`.

Che, Zhengping, and Sanjay Purushotham, Kyunghyun Cho, David Sontag, Yan Liu. 2018. "Recurrent Neural Networks for Multivariate Time Series with Missing Values." *Scientific Reports 8* . https://doi.org/10.1038/s41598-018-24271-9.

Cheng H., Tan PN., Gao J., Scripps J. 2006. "Multistep-Ahead Time Series Prediction." In: Ng WK., Kitsuregawa M., Li J., Chang K. (eds) *Advances in Knowledge Discovery and Data Mining*, PAKDD 2006. Lecture Notes in Computer Science 3918. *Berlin, Heidelberg: Springer*. https://doi.org/10.1007/11731139_89.

Cho, Kyunghyun, and Bart van Merriënboer, Caglar Gulcehre, Fethi Bougares, Holger Schwenk, Y Bengio. 2014. *Learning Phrase Representations using RNN Encoder-Decoder for Statistical Machine Translation*. https://doi.org/10.3115/v1/D14-1179.

Glen, Stephanie. 2014. "Endogenous Variable and Exogenous Variable: Definition and Classifying." Statistics How To blog. `https://www.statisticshowto.com/endogenous-variable/`.

Lazzeri, Francesca. 2019a. "3 reasons to add deep learning to your time series toolkit."O'Reilly Ideas blog. `https://www.oreilly.com/content/3-reasons-to-add-deep-learning-to-your-time-series-toolkit/`.

Lazzeri, Francesca. 2019b. "Data Science Mindset: Six Principles to Build Healthy Data-Driven Organizations." InfoQ blog. `https://www.infoq.com/articles/data-science-organization-framework`.

Lazzeri, Francesca. 2019c. "How to deploy machine learning models with Azure Machine Learning." Educative.io blog. `https://www.educative.io/blog/how-to-deploy-your-machine-learning-model`.

Lewis-Beck, Michael S., and Alan Bryman, Tim Futing Liao. 2004. *The Sage Encyclopedia of Social Science Research Methods*. Thousand Oaks, Calif: Sage.

Nguyen, Giang, and Stefan Dlugolinsky, Martin Bobak, Viet Tran, Alvaro Lopez Garcia, Ignacio Heredia, Peter Malík, Ladislav Hluchý. 2019. "Machine Learning and Deep Learning frameworks and libraries for large-scale data mining: a survey". *Artificial Intelligence Review* 52: 77–124. https://doi.org/10.1007/s10462-018-09679-z.

Petris, G., and S. Petrone, P. Campagnoli. 2009. *Dynamic Linear Models in R*. Springer.

Poznyak, T., and J.I.C. Oria, A. Poznyak. 2018. *Ozonation and Biodegradation in Environmental Engineering: Dynamic Neural Network Approach*. Elsevier Science.

Stellwagen, Eric. 2011. *"Forecasting 101: A Guide to Forecast Error Measurement Statistics and How to Use Them"*. ForecastPRO blog. `https://www.forecastpro.com/Trends/forecasting101August2011.html`.

Hong, Tao, and Pierre Pinson, Fan Shu, Hamidreza Zareipour, Alberto Troccoli, Rob J. Hyndman. 2016. "Probabilistic Energy Forecasting: Global Energy Forecasting Competition 2014 and Beyond." *International Journal of Forecasting* 32, no. 3 (July-September): 896–913.

Taylor, Christine. 2018. "Structured vs. Unstructured Data." Datamation blog. `https://www.datamation.com/big-data/structured-vs-unstructured-data.html`.

White, Halbert. 1980. "A Heteroskedasticity-Consistent Covariance Matrix Estimator and a Direct Test for Heteroskedasticity." *Econometrica, Econometric Society* 48, no.4 (May):817–838.

Zhang, Ruiyang, and Zhao Chen, Chen Su, Jingwei Zheng, Oral Büyüköztürk, Hao Sun. 2019. "Deep long short-term memory networks for nonlinear structural seismic response prediction." *Computers & Structures* 220: 55–68. https://doi.org/10.1016/j.compstruc.2019.05.006.

Zhang Y, and YT Zhang, JY Wang, XW Zheng. 2015. "Comparison of classification methods on EEG signals based on wavelet packet decomposition." *Neural Comput Appl 26*, no. 5:1217–1225.

Zuo, Jingwei, and Karine Zeitouni, Yehia Taher. 2019. ISETS: Incremental Shapelet Extraction from Time Series Stream. In: Brefeld U., Fromont E., Hotho A., Knobbe A., Maathuis M., Robardet C. (eds) Machine Learning and Knowledge Discovery in Databases. ECML PKDD 2019. *Lecture Notes in Computer Science* 11908: Springer, Cham. https://doi.org/10.1007/978-3-030-46133-1_53.